建筑遮阳产品推广应用技术指南

住房和城乡建设部标准定额司
住房和城乡建设部建筑节能与科技司　组织编写

中国建筑工业出版社

图书在版编目（CIP）数据

建筑遮阳产品推广应用技术指南／住房和城乡建设部标准定额司，住房和城乡建设部建筑节能与科技司组织编写. ——北京：中国建筑工业出版社，2011.8
ISBN 978-7-112-13457-1

Ⅰ.①建… Ⅱ.①住…②住… Ⅲ.①建筑－遮阳－工业产品－中国－指南 Ⅳ.① TU226-62

中国版本图书馆CIP数据核字（2011）第152894号

责任编辑：李 阳 孙玉珍 何玮珂 向建国
责任设计：董建平
责任校对：刘 钰 赵 颖

建筑遮阳产品推广应用技术指南
住房和城乡建设部标准定额司
住房和城乡建设部建筑节能与科技司　组织编写

*

中国建筑工业出版社出版、发行（北京西郊百万庄）
各地新华书店、建筑书店经销
北京嘉泰利德公司制版
北京建筑工业印刷厂印刷

*

开本：787×1092毫米 1/16 印张：$10\frac{3}{4}$ 字数：266千字
2011年8月第一版 2011年8月第一次印刷
定价：30.00元
ISBN 978-7-112-13457-1
（21198）

版权所有　翻印必究
如有印装质量问题，可寄本社退换
（邮政编码 100037）

《建筑遮阳产品推广应用技术指南》编委会

主　编：王志宏　陈宜明
副主编：杨　榕　孙　英　王果英　王建清
编　委：林岚岚　忻国樑　杨仕超　涂蓬祥　丁力行　李峥嵘
　　　　郭　景　蒋　荃　岳　鹏　王济宁　刘建宏　马　扬
　　　　白胜芳　刘　翼　沙　峰　王洪涛　殷　文　顾端青
　　　　厉　敏　黄　永　张利歌

《建筑遮阳产品推广应用技术指南》编制单位

负责单位：
住房和城乡建设部标准定额司
住房和城乡建设部建筑节能与科技司

主编单位：
中国建筑标准设计研究院
住房和城乡建设部科技发展促进中心

参编单位：
上海市装饰装修行业协会
广东省建筑科学研究院

上海建科检验有限公司
北京中建建筑科学研究院有限公司
中国建筑业协会建筑节能分会
中国建筑材料检验认证中心有限公司
同济大学
上海名成建筑遮阳节能技术股份有限公司
上海青鹰实业股份有限公司
国家建筑工程质量监督检验中心
广东坚朗五金制品股份有限公司
长春阔尔科技股份有限公司
法国尚飞中国分公司

序

党的十七届五中全会和中央经济工作会议要求推进建筑节能和科技创新。《国民经济和社会发展第十二个五年规划纲要》强调抓好建筑领域节能。通过制度安排，完善建筑节能工作体制机制，推广应用先进节能技术和产品，促进相关产业发展，是住房城乡建设领域坚持科学发展，转变经济发展方式的重要工作。

建筑遮阳是有效的建筑节能措施，能够改善建筑室内光热环境，降低建筑运行能耗，提高建筑能效；能够与建筑巧妙结合，丰富建筑表现元素，提高建筑表现力。

住房和城乡建设部重视研发应用建筑遮阳产品，并注重发挥标准的规范、约束和引导作用。多年来，先后制订26项产品标准和1项工程建设标准，包括建筑遮阳技术要求、性能分级、试验方法等内容。《建筑遮阳产品推广应用技术指南》是在这些标准规范的基础上编写完成的，相信这本书会对提高建筑遮阳技术水平和产品质量，引导建筑遮阳产业健康有序发展，促进建筑节能工作起到积极作用。

陈大卫

2011年8月1日

前 言

根据住房和城乡建设部《2010年工程建设标准规范制订、修订计划的通知》(建标[2010]43号)要求，研究项目《建筑遮阳产品技术标准及应用研究》由住房和城乡建设部标准定额司、建筑节能与科技司负责，由中国建筑标准设计研究院、住房和城乡建设部科技发展促进中心等单位共同承担，项目包含四部分内容：研究编写《建筑遮阳产品推广应用技术指南》、评选建筑遮阳示范工程、评选建筑遮阳推广技术、召开建筑遮阳大型研讨会。《建筑遮阳产品推广应用技术指南》于2010年4月12日在北京召开启动会，正式开始了研究编制工作，历经多次编写、修改形成了本书。

建筑遮阳是建筑节能的重要手段，建筑遮阳在欧洲国家应用广泛，建筑遮阳可以降低太阳光辐射热对建筑室内的影响，减少空调的使用，进而减少用电量，节省煤当量，降低二氧化碳排放。同时，建筑遮阳可以提高室内的热舒适、视觉舒适，让人们生活在低碳、健康、舒适的环境中，提高百姓生活水平。

住房和城乡建设部标准定额司非常重视建筑遮阳行业的发展，到目前为止，已发布产品标准18项（已立项建筑工业产品标准26项），已发布工程建设标准1项，开展了建筑遮阳示范工程、推广技术的评选。在建筑遮阳行业刚刚兴起的阶段，通过标准的制定，为建筑遮阳工程的质量保驾护航，为建筑遮阳产品的生产及合理、正确的使用提供了技术保障，为保障国家建筑节能事业的进一步开展奠定了良好的基础。

本书的研究与建筑遮阳标准协调一致，以通俗易懂的方式提供给读者，希望为建筑遮阳工程的应用、为建筑遮阳产品的发展提供技术参考和依据。在研究编制过程中，我们对目前市场上的遮阳产品进行了深入的研究，对产品进行了分类，对各种遮阳产品做了详细介绍，并提出各类产品应用的各项技术指标，详细介绍了遮阳工程中的设计、施工、安装、维护问题，列举了本次建筑遮阳示范工程案例。希望在我国遮阳刚刚兴起的时候，为遮阳行业的发展及在建筑工程中的应用起到积极的引导作用。

本课题的研究非常感谢住房和城乡建设部各级领导的支持。本书是课题组全体人员的共同努力的成果，在此向参与研究编制的各位专家付出的辛勤劳动表示感谢，同时感谢各主编、参编单位的大力配合和支持，感谢中国建筑工业出版社为本书付出的辛苦工作。欢迎广大读者批评指正。

2011年7月18日

目录 CONTENTS

第1章 概述 1
  第1节 建筑遮阳的重要性 2
  第2节 建筑遮阳的作用 4
  第3节 建筑遮阳产品的发展趋势 10
  第4节 我国建筑遮阳的标准化工作 11
  第5节 建筑遮阳科技成果评估与推广、工程示范 13

第2章 建筑遮阳技术基础 15
  第1节 建筑遮阳的基本原理 16
  第2节 建筑遮阳分类及其技术要求 29
  第3节 建筑遮阳的设计依据 38

第3章 建筑遮阳产品 45
  第1节 遮阳百叶帘 46
  第2节 建筑遮阳篷 58
  第3节 建筑用遮阳软卷帘 63
  第4节 建筑用遮阳天篷帘 68
  第5节 建筑遮阳板 74
  第6节 遮阳百叶窗 89

第4章 建筑遮阳工程 95
  第1节 建筑遮阳工程基本要求 96
  第2节 建筑遮阳工程设计 98
  第3节 建筑遮阳构造 107
  第4节 遮阳工程施工安装要求 112
  第5节 遮阳工程的验收 113
  第6节 遮阳工程的维护 115

第5章 建筑遮阳推广应用 117
  第1节 应用前景分析 118
  第2节 推广应用措施 123
  第3节 推广应用实施办法 126

第6章 遮阳工程实例 ··· 133
- 第1节 扬州帝景蓝湾外遮阳卷帘工程 ··· 134
- 第2节 南京大华锦绣华城超大型住宅小区 ··· 135
- 第3节 南京中海凤凰熙岸高层项目 ··· 136
- 第4节 南京碧瑶花园精装修多层项目 ··· 137
- 第5节 江苏镇江科苑华庭住宅小区 ··· 138
- 第6节 山东省建筑科学研究院住宅楼外遮阳工程 ··· 144
- 第7节 长沙中电软件园总部大楼及配套工程 ··· 147
- 第8节 上海外滩中信城（中信广场） ··· 148
- 第9节 上海越洋广场—璞丽酒店 ··· 149
- 第10节 上海辰山植物园展览温室遮阳示范工程 ··· 151
- 第11节 中国农业银行上海数据处理中心 ··· 152
- 第12节 上海市杨浦区建筑遮阳科技示范工程 ··· 153
- 第13节 世博会"沪上·生态家"遮阳项目 ··· 154
- 第14节 广州国际金融中心 ··· 156
- 第15节 上海市高级人民法院审判法庭办公楼工程 ··· 157

附录 建筑遮阳推广技术目录 ··· 159

第1章 概　述

　　建筑的属性决定了建筑遮阳技术的产生和应用，这是建筑适应环境必然产生的一种自我调节手段。传统建筑非常重视建筑遮阳，大挑檐、大坡屋顶、宽廊道、大阳台、窗楣、厚墙窗洞、挡板构件、花格、百叶窗等，这些建筑元素的组合可以有遮阳、防雨、通风、采光、遮挡视线等多个功能的组合。

　　在现代建筑中，建筑遮阳也是透明围护结构必不可少的节能措施和室内环境改善的手段。建筑遮阳可以有效遮挡直射阳光，改善室内热环境、光环境，可以降低空调负荷、节省建筑空调能耗，遮阳装置还可以调节自然采光以满足不同的功能需求，建筑遮阳也可以与其他建筑功能融合，达到诸如防雨、导风、挡雪、遮挡视线等多种目的。

　　建筑遮阳在发达国家已广泛应用，欧洲一些国家甚至家家户户采用遮阳，遮阳产业已成为大规模工业化生产的一个重要行业。十多年来，我国建筑遮阳的应用稳步发展，建筑遮阳产业方兴未艾。随着节能减排要求的深入，人民生活水平的提高以及扩大内需的需要，在近一二十年，建筑遮阳必将在我国快速推广，为国家的节能减排和经济可持续发展作出重要贡献。

第1节 建筑遮阳的重要性

1.1 建筑遮阳技术应用对节能减排的贡献

建筑遮阳产品的节能效果，因遮阳产品的遮阳方式、使用材料、结构构造、大小尺寸、应用地域、环境条件、应用场合、应用规模等不同而有着极大的差异。

"欧洲遮阳组织"（The European Solar Shading Organization）于2005年12月发表了研究报告《欧盟25国遮阳系统节能及CO_2减排》。该报告分别研究了不同气候条件的东欧的布达佩斯、南欧的罗马、西欧的布鲁塞尔、北欧的斯德哥尔摩的典型住宅和办公建筑，针对不同地区的建筑遮阳，进行了空调和采暖的能耗需求计算，并按照不同建筑类型、主要朝向、用户习性、窗户种类、遮阳设施、气候条件的24种典型情况进行组合，得出的制冷与采暖节能结果如表1-1所示。由此可见，尽管情况千差万别，设置遮阳对于减少制冷能耗需求的效果比减少采暖能耗需求的效果更为明显。一般情况下，对制冷能耗来说，设置遮阳对纬度较低的地区能耗需求降低较多；对采暖能耗来说，设置遮阳对纬度较高的地区能耗需求降低较多。总体平均，在欧洲采用遮阳可以节约空调用能约25%，节约采暖用能约10%。

欧洲建筑遮阳对制冷和采暖能耗需求的影响　　　　表1-1

城市	北纬	采暖能耗需求降低（%）	制冷能耗需求降低（%）
罗马	42°	5	30
布达佩斯	47.5°	10	30
布鲁塞尔	51°	10	15
斯德哥尔摩	59.3°	15	20
欧盟平均		10	25

2005年，欧盟25国有4.53亿人口，住房面积为242.6亿 m^2，其中综合平均有一半采用遮阳，因此每年减少制冷能耗3100万吨油当量，减排CO_2 8000万吨，每年还减少采暖能耗1200万吨油当量，减排CO_2 3100万吨。

中国现有人口13.4亿，为当时欧盟国家人口的2.96倍，住房面积不到欧盟国家的2倍，但每年建筑面积增加达20亿 m^2 以上。从地理位置看，与欧盟国家处于高中纬度相比，中国处于中低纬度，纬度相对较低。如哈尔滨处于北纬45.7°，长春43.5°，沈阳41.8°，北京39.8°，郑州34.7°，上海31.2°、福州25°，广州23.1°。由于纬度较低，太阳辐射更为强烈，因此中国夏天比欧洲要热得多，又由于欧洲冬天有大西洋暖流的增温，而中国则不断遭受来自西伯利亚寒流的侵袭，中国冬天还比较寒冷，而中国房屋保温隔热质量总体上要比欧盟国家差，因此采用建筑遮阳的节能效果会比欧洲国家更好，总体上可以节约空调用能25%以上，节约采暖用能10%以上，这样分析应该是合理的。

中国现在设置外遮阳的建筑还很少，但采暖和空调的使用越来越多。不仅北方严寒和寒冷地区建筑普遍采暖，夏热冬冷地区建筑冬天也盛行采暖。家用空调在城市中更是愈加普及，2008年年底全国平均城镇居民每百户空调器拥有量已达100.28台，其中北京为152.48台，上海为 190.95 台，广东为 187.52 台，空调的使用时间也在逐年增加；空调在公共建筑中的使用则更为普遍。由于南方纬度更低，天气更为炎热，空调比欧盟国家用得更为普遍，因此建筑能耗增加迅速。如果经过努力，到 2020 年我国能发展到一半左右建筑采用遮阳，则每年因此减少采暖与空调能耗将远超过 1 亿吨标准煤，减排 CO_2 当超过 3 亿吨。

1.2 中国遮阳产业发展迅速

中国过去没有遮阳产业，遮阳产业主要是从 20 世纪 90 年代初开始发展起来的。一方面是有些外国遮阳企业进来，另一方面是少量民营企业做小规模遮阳业务。遮阳产业近几年发展很快，现在已成为初具规模的行业。每年在上海举办的世界遮阳博览会上，有四五百家遮阳企业参展，主要是中国企业，规模相当可观。

现在中国的遮阳产业已能生产多种多样的遮阳产品，包括技术复杂、自动控制的遮阳产品，许多国际上先进的遮阳产品都能生产，有一批企业在国际竞争中占有一席之地，个别企业无论规模还是技术，在世界上都是领先的。

我国遮阳企业情况还缺乏准确的调查资料，由于遮阳产品的多样性与复杂性，该产业基本上是劳动密集型行业。一些重点企业仍是骨干，出口业务遍及欧美、中东和东南亚地区，在国际市场上极具竞争力。不同遮阳企业的规模和技术能力差别极大，但都进步迅速。

我国建筑遮阳行业由以下三类企业构成：
- 材料/配件生产供应企业（上游企业）；
- 产品加工制造企业，即"品牌商"（中游企业）；
- 产品分销企业（下游企业）。

上、中、下游企业只是从遮阳产品本身的角度来划分的，如果再放大延伸来看，其再上游还有各种原材料生产企业、设计企业，再下游还有施工安装企业以及运行、维修企业。也就是说，遮阳产业的发展，对扩大内需来说，还有更多方面的带动作用。

1.3 建筑遮阳历史

遮阳对建筑物的影响显著且由来已久，无论是考究的古典建筑还是自由的乡土民居，都表现出对遮阳重要性的充分理解，并且运用它创造了强烈的视觉效果。时至今日，很多建筑大师的经典建筑中都有遮阳构件的身影，可见遮阳设计在建筑立面处理中的历史地位。

遮阳的应用历史非常悠久，从文字记载上可以追溯到古希腊时期的作家赞诺芬（Xenophon）。他首先提出了关于设置柱廊以遮挡角度较高的夏季阳光而使角度较低的冬季阳光进入室内的问题。公元前 1 世纪，维特鲁威在其建筑专著《建筑十书》中，在选址部分乃至全章中都提到了避免南向辐射热的建议。文艺复兴时期，阿尔伯蒂的《论建筑》中也阐明了为使房间保持凉爽舒适，如何应对防晒遮阳进行选址。

理查德·诺伊特拉也是建筑遮阳发展史上的重要推动者。他是第一个根据气象资料并请专业人员设计全天候建筑遮阳系统的现代建筑大师，从而推动建筑遮阳应用进入了全新时代。他在晚年对太阳几何学作了更深层次的研究，并取得了突破性的进展。在洛杉矶档案馆的设计中，标注太阳轨迹并研究了各种遮阳方案，最后实施的是由屋顶上太阳自动跟踪系统控制的活动式垂直百叶窗。

随着生态理念深入人心，在各种气候应对策略中，都把建筑物的遮阳放在相当重要的位置。充分研究纬度特征对建筑物方位的影响，提出了一整套系统的遮阳设计：包括东西向长短、疏密不一、离开建筑物表面一定距离的弧形水平遮阳板片（百叶式）及沿建筑垂直方向有规律的大体量凹入处理（保证在受光面也有大片阴影区），屋顶遮阳格栅（栅片倾斜角根据太阳高度角而定）等，整套遮阳体系在形状、方位、角度、尺度、密度等方面都有精确的考量，不仅通过遮阳改善了室内热环境和光环境，还借此创造出适宜的室外活动空间，并在建筑造型上也呈现出自己鲜明的特色。

现在，建筑遮阳及其立面设计比以往任何时候都更加多样化，它在形状、材料及颜色方面正向人们展示着前所未有的搭配形式。在各种类型的建筑立面中，人们会发现穿孔金属板、磨砂玻璃、木格栅、织物、塑料合成物及爬藤植物共存，甚至还有色彩缤纷与单一颜色的搭配。这样复杂多变的遮阳风格正是我们多元化、快速进步和以媒介为主导的现代社会的标志。

第 2 节　建筑遮阳的作用

建筑遮阳对于建筑节能有重要的作用。在夏季，采取合理的建筑遮阳措施可以明显降低空调能耗；在冬季，某些遮阳做法（如硬卷帘）可以在一定程度上降低采暖能耗。与此同时，建筑遮阳对调节室内光环境效果明显，可节约照明能耗。此外，建筑遮阳对提高室内热舒适、视觉舒适感觉以及促进自然通风都有积极作用。

2.1　改善室内热环境与降低夏季空调负荷

图 1-1 简单说明了投射在建筑窗户上的太阳辐射热的分配情况。一般而言，投射到窗户上的太阳辐射热可以分为三个部分：一部分将被反射到周围环境或物体上；一部分直接通过玻璃投射进入室内，该部分得热可以占到建筑太阳辐射得热的 80%；还有一部分将被玻璃和窗框等附属构件等吸收，这部分热也在随后时间内分为两部分，一部分通过长波辐射和对流的方式散放到建筑外部，另一部分通过长波辐射和对流的方式进入建筑内部。就 4mm 普通玻璃而言（图 1-2），投射到玻璃上的太阳辐射热量中，有 83% 的热量将进入室内，其中又以辐射得热为主，约占 77%。因此通过窗户的太阳辐射得热是建筑得热和空调负荷的重要内容，是夏季调节室内热环境、降低空调能耗的主要调控对象之一。

建筑内遮阳（图 1-3）或外遮阳设施（图 1-4）的应用则打破了这种太阳得热的分配方式。

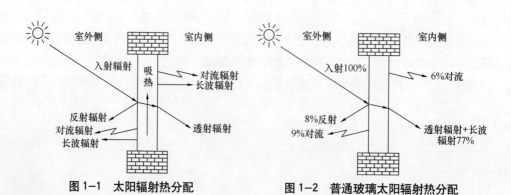

图 1-1　太阳辐射热分配　　　　图 1-2　普通玻璃太阳辐射热分配

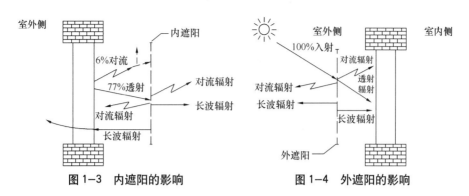

图 1-3　内遮阳的影响　　　　图 1-4　外遮阳的影响

在图 1-3 中，进入窗户的太阳辐射热在内遮阳设施处将被二次分配，一部分直接透过遮阳设施进入室内，另一部分将被遮阳设施反射到室外，还有一部分将被遮阳设施吸收，通过长波辐射和对流方式向室内和室外散发，显然，由于内遮阳设施的存在，进入室内的太阳辐射热在传输过程中受到了阻挡，减少了最终进入室内的热量，从而降低了建筑的太阳辐射得热。

图 1-4 反映了建筑外遮阳设施对建筑太阳辐射得热的干扰。在受到外遮阳设施的阻隔之后，太阳辐射热没有直接到达建筑表面，而是在遮阳设施表面被反射或吸收，只有很少部分通过了遮阳设施而到达建筑表面。这种阻隔作用可以从以下几个方面分析：首先，外遮阳设施可以通过反射作用将来自太阳的直接辐射热量传递给天空或周围环境，减少了建筑对太阳的辐射得热；其次，外遮阳设施吸收了太阳辐射得热之后，温度升高，可以通过长波辐射的方式向周围环境放热，其中的一部分辐射到达了建筑表面上，其余的则传递给了周围其他物体，进一步降低了建筑表面对太阳的得热。因此，外遮阳设施在降低建筑室内太阳辐射得热方面最为有效，是任何内遮阳设施无法比拟的。

相关研究结果表明，外遮阳设施可以降低建筑表面 80% 的太阳直接辐射得热，是比内遮阳设施更为有效的降温措施。例如，相同的布帘或软百叶帘等遮阳设施，由内遮阳设施变更为外遮阳设施后，传入室内的热量将由 60% 降低为 30%。

正是缘于对太阳辐射热的阻挡功能，降低了通过建筑围护结构进入室内的太阳辐射热和相应的建筑空调负荷，建筑遮阳技术在现代节能建筑设计中得到了广泛重视，成为节能建筑

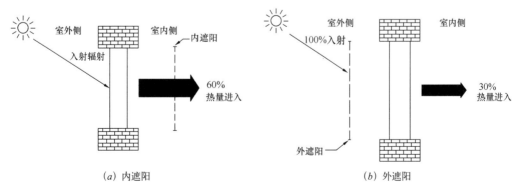

(a) 内遮阳　　　　　　　　　　　(b) 外遮阳

图 1-5　内遮阳与外遮阳效果对比

的流行元素之一。

不仅如此，遮阳设施在适当的气候条件下可以与通风系统相结合，通过通风降温的方式，保证非空调季节室内温度处于合适的舒适区内，不仅减少分散空调的开启时间，减少过渡季节集中空调的使用，而且通风换气系统的运行可以有效排除室内各种污染物，是改善室内空气质量最彻底、最经济的方法。

2.2 可调节遮阳最大程度实现室内自然采光，节约照明能耗

图 1-6 反映了某建筑空间分别在透光系数 20%、40%、60% 和 80% 条件下的室内照度变化。显然，常规的遮阳设施将降低室内自然采光的照度值。

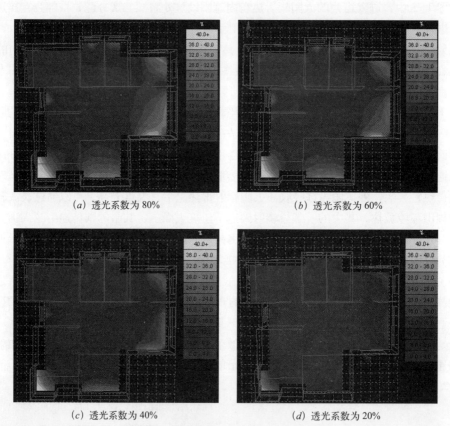

(a) 透光系数为 80%　　(b) 透光系数为 60%

(c) 透光系数为 40%　　(d) 透光系数为 20%

图 1-6　不同遮阳条件下室内照度变化

但是，建筑窗洞在提供自然采光的同时，往往会造成不必要的眩光（图 1-7a），给工作和生活带来一定干扰。遮阳设施的使用恰好可以缓解这一问题（图 1-7b）。

图 1-8a 是在某建筑中实测到的一组室内照度分布曲线。曲线的横坐标反映了测试点离开外墙的距离，纵坐标显示该点的照度值。显然，遮阳设施的使用降低了室内的照度水平，尤其在靠近建筑外墙的区域内，这种降低效果非常明显；同时也可以看到，遮阳设施使用后，室内的采光系数趋于一致，照度更趋均匀，光线柔和。如果配备反射型的遮阳设施，在均匀

(a) 建筑窗洞口自然采光　　　　　　　　(b) 加遮阳设施的采光

图 1-7　建筑窗洞采光

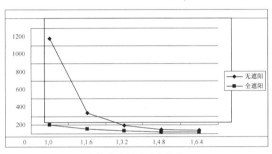 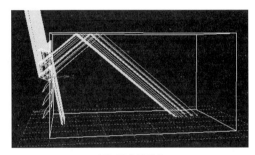

(a) 室内照度分布曲线　　　　　　　　(b) 反光板采光

图 1-8　室内照度分布曲线和反光板采光

室内照度的同时,将室外自然光引导至室内(图 1-8b),则可以增加室内自然采光的照度水平,遮阳设施的应用将更为广泛,节能效果也将更为明显。

遮阳装置对室内的光环境会产生很大的影响。固定的遮阳装置在遮挡直射阳光的同时,往往也会使得室内的自然采光变得更差。但由于窗户附近的采光一般过于强烈,而房间深处的采光不足,所以虽然水平遮阳、垂直遮阳、综合遮阳会大大减弱窗附近的自然光,但由于对房间深处采光的影响并不大,因而对自然采光影响不大,而且还往往使得室内自然光更加均匀。图 1-9、图 1-10a 和图 1-10b 是综合遮阳装置对室内自然采光的计算结果。从采光计算可以非常清楚地看到室内深处的采光系数没有受到影响。

活动遮阳装置以调节室内光线,在阳光直射强烈时遮挡直射,透射或散射部分自然光,使得室内有较好的自然采光;而在阴天时让自然光进入,使得室内获得最好的采光。活动遮阳装置可以减少眩光干扰,降低直射光的强度或遮挡直射光,改变光线方向,室内光更均匀。室内眩光太强时不利于观察物品细部和目标。

此外,活动遮阳装置还可以使室内具有很

图 1-9　综合遮阳装置示意

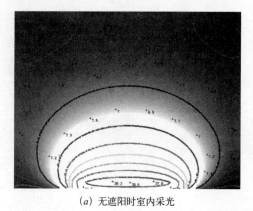
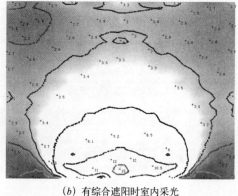

(a) 无遮阳时室内采光　　　　　　　　(b) 有综合遮阳时室内采光

图 1-10　室内采光计算结果

好的私密性，不让室外看清楚室内或根本看不到室内。遮阳装置的不透明度等级越高，室外对室内物体的分辨能力越差，有利于夜间私密性。夜间私密性较差时，易被外界透视。活动遮阳装置还具有遮光性能，在室内需要暗光条件时遮挡室外光线、降低强光照度以满足特殊需要，如会议、睡眠等。

遮阳装置还可以设计成有一定的透视外界的能力。当遮阳装置可见光透射性较好时，有利于对外界物体的识别，人们就可以在遮阳的情况下欣赏室外风景；当透明性较差时，会产生附加的光，使视觉失真，不利于对外界物体的识别。

2.3　提高室内环境的热舒适感觉

人在室内环境中的热舒适感觉与很多因素有关，其中，周围环境的平均辐射温度是一个很重要的参数。夏季，透过玻璃窗进入室内的太阳直接辐射将造成窗户附近室内固体表面的辐射温度大幅提高，使人有种烘烤感觉。冬季，表面温度比较低的玻璃窗则给人一种冷辐射的感觉；同时，窗户附近的冷空气下沉形成的冷空气对流也给附近的人带来吹冷风感觉，严重降低人的舒适感觉。使用遮阳设施以后，冬、夏季可以避免窗户对人直接产生的冷、热辐射，减少夏季进入室内的直接辐射热（图1-11），维持室内舒适的平均辐射温度，提高人体舒适感。

夏季，人们往往利用遮阳装置遮挡太阳的直射阳光。固定遮阳装置可以按照太阳的轨迹

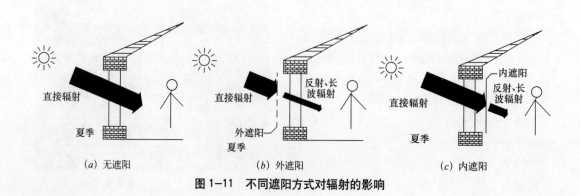

(a) 无遮阳　　　　　　　　(b) 外遮阳　　　　　　　　(c) 内遮阳

图 1-11　不同遮阳方式对辐射的影响

进行设计,从而最大程度遮挡夏季的太阳直射阳光;而冬季则可以让直射阳光进入室内。活动遮阳装置则可以根据室内热环境的需要进行调节,从而让冬季的阳光进入室内,夏季的直射阳光则不进入室内或不直接照射到人身上。

室内温度高低直接受到太阳辐射影响。当有直射阳光射到外窗上时,室内的太阳得热与太阳能总透射比成正比,太阳能总透射比越大,透入室内的热量越多,室内得热越多;夏季调节遮阳装置降低太阳能总透射比降低室内温度,冬季调节遮阳装置增加太阳能总透射比增加室内得热而提高室内温度。

2.4 遮阳与通风

固定的遮阳装置对室内自然通风有一定影响。水平遮阳、垂直遮阳、综合遮阳不会对自然通风有太大的影响,而挡板遮阳则会有较大的影响,但挡板遮阳设计恰当则不会影响自然通风,如采用花格作为挡板,或者挡板与门窗留了较大的距离。固定遮阳有时还可以成为导风板,但这需要建筑的优化设计。

活动遮阳装置由于可以调节,所以比较灵活。外遮阳装置一般有较好的抗风性能,因而可以在打开窗的情况下适用。如果外遮阳装置是百叶形式或者遮阳篷,一般对通风的影响也不大。内遮阳装置往往在遮阳的时候不能同时通风,但宽百叶在风较小时不受影响。

2.5 其他作用

对于冬季采暖建筑而言,室内遮阳设施可以兼顾降低窗户热损失的功能。当室内温度比室外高时,室内物体可以将自身热量以长波辐射形式透过玻璃向室外释放,增加了建筑的热损失(图1-12a)。使用内遮阳设施后,内遮阳设施可以将这部分热量反射回室内,或者吸收他们的长波辐射热,再以长波辐射的形式释放到室内、室外,此时散向室外部分的热量已经大为减少,从而达到降低建筑热损失的目的(图1-12b)。

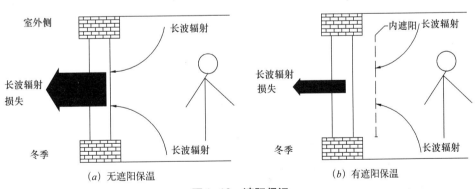

图 1-12 遮阳保温

一些新型中空或者内部填充保温材料的遮阳卷帘,可以与窗户的结构实现一体化装配,当这些卷帘完全闭合后,形成窗户的内层或外层结构,不仅增加了热阻,降低了室内热损失,而且可以增加窗户的私密性和安全性。

第3节　建筑遮阳产品的发展趋势

经历兴衰之后的遮阳技术在今天得到重新重视，与传统建筑遮阳技术的应用手法方面具有明显的不同，如果说建筑遮阳技术的传统应用手法是借助建筑屋檐、廊道、阳台等建筑构件实现遮阳功能，现代建筑中的遮阳技术应用则更借助科技发展成果，创造与建筑构件复合为一体的遮阳设施、产品实现遮阳功能。主要的发展趋势为：

1. 建筑一体化

建筑窗洞是建筑围护结构中最薄弱环节，是节能控制的主要对象，因此现代建筑遮阳技术应用的主要对象是建筑窗洞。为了适应不同高度、不同功能建筑的特点，考虑建筑遮阳设施使用的安全性、施工与调节简易性以及延长其使用寿命等问题，现代遮阳设施的一个发展趋势是将遮阳产品与建筑窗洞一体化制造，典型的如中置百叶的呼吸幕墙结构、中置遮阳帘的双层窗户、结构与窗户一体化制造的外遮阳产品等。

2. 功能复杂化

建筑遮阳隔热降温的主要原理是遮挡太阳的直接辐射得热，因此从其诞生之日起一直与自然通风技术密切相关，在炎热时间改善环境舒适度。现在遮阳技术的发展继承了这一传统，同时通过巧妙的建筑设计、采用合理的遮阳产品使遮阳的光线调节作用充分发挥，促使建筑遮阳设施担当调节太阳得热和自然采光的双重功能。

可以利用刚性建筑外遮阳设施担当能源生产者，发展低能耗建筑。例如，将太阳能光电膜结构与刚性外遮阳设施结合，使外遮阳设施在遮阳的同时进行太阳能发电，极大地扩大了遮阳构件的功能。

3. 文化本土化

建筑的属性决定建筑必然体现文化、经济、科技和政治的需求。建筑遮阳作为建筑的一个有机部分，必然也会折射这些元素的影响。一方面遮阳材料、结构或者遮阳产品外观的处理会体现当地气候、风俗等地域文化特色，另一方面如果建筑遮阳系统能突显民族文化精髓，必将提升建筑的文化内涵和品位，丰富建筑的表现，例如著名的阿拉伯世界文化中心建筑采用的遮阳设施。

4. 调控自动化

遮阳技术的最佳应用离不开对太阳运动的理解，也离不开对建筑功能需求的理解，两者都要求遮阳设施本身可以随着建筑—太阳关系的变化，或者建筑区域功能的转变而及时调整，人工的调控模式虽然经济，但是在某些场合却显示出力不从心或者无能为力，尤其是公共建筑中使用的外遮阳设施，往往需要控制系统辅助实现调控作用，因此遮阳的自动化调控措施将随着遮阳技术的大规模应用日益普及。

5. 产品多元化

科技进步也带来遮阳产品和材质的多元化，除了传统的木材、竹材等天然材料外，还开发了合成塑料、钢材、铝材、陶瓷、有机织物等多种材料，产品外观不仅色彩丰富，形状和遮阳结构也多种多样，适应于不同需求的内外遮阳产品呈现百花齐放态势，不仅可以覆盖所有建筑需求，而且可选择范围越来越宽广。

第4节 我国建筑遮阳的标准化工作

建筑遮阳产品的节能作用正在逐步得到大家的认识，自2006年建设部批准立项了第一项建筑遮阳产品标准，至今已立项26项产品标准、1项专门针对遮阳的工程技术规范，为建筑遮阳更好地在工程上应用奠定了坚实的基础。

随着建筑遮阳产品在国内使用逐渐增多，正逐步建立健全我国的遮阳标准体系，编制适合我国国情的建筑遮阳产品标准，为规范遮阳产品的技术质量，推动遮阳技术的应用推广将起到重要的作用，遮阳产品标准的出台将为遮阳行业规范、有序、健康的发展提供技术保障。同时《建筑遮阳工程技术规范》JGJ237的实施，从遮阳工程设计、施工、安装、验收的要求出发，为建筑遮阳工程及建筑遮阳一体化奠定基础。

随着新材料和新技术的发展，国外的建筑遮阳产品不断得到改进。遮阳产品正向着多元化、多功能、高效率、轻盈、精致的方向发展，并成为现代建筑造型的重要元素。遮阳产品的形式、材料也在不断发展变化，为保证我国建筑遮阳的顺利应用，保证建筑遮阳产品质量和建筑安全，发挥遮阳产品的作用，需要建筑遮阳系列标准尽快编制完成。近几年，我们在借鉴欧盟标准和大量验证性试验基础上，编制了我国建筑遮阳系列产品标准。

为贯彻国家节能降耗要求，促进我国遮阳技术发展，规范我国建筑遮阳的市场，住房和城乡建设部自2006~2011年下达了26项建筑遮阳产品标准编制计划，目前已发布18项，在编8项，具体情况见表1-2。

建筑遮阳产品标准统计表　　　　表1-2

序号	标准体系	计划文号	标准名称	技术归口单位	主编单位	发布情况
1	基础标准	建标[2009]89	建筑遮阳产品术语	住房和城乡建设部建筑制品与构配件产品标准化技术委员会	上海建筑科学研究院、中国建筑标准设计研究院	在编
2	通用标准	建标[2007]127	建筑遮阳技术要求	住房和城乡建设部建筑制品与构配件产品标准化技术委员会	中国建筑业协会建筑节能专业委员会	JG／T 274-2009
3		建标[2008]103	建筑遮阳制品电力驱动装置技术要求	住房和城乡建设部建筑制品与构配件产品标准化技术委员会	北京中建建筑科学研究院有限公司	JG／T 276-2009
4		建标[2008]103	建筑遮阳热舒适、视觉舒适性能与分级	住房和城乡建设部建筑制品与构配件产品标准化技术委员会	北京中建建筑科学研究院有限公司	JG／T 277-2009
5		建标[2009]89	建筑遮阳对室内环境热舒适与视觉舒适性能的影响及其检测方法	住房和城乡建设部建筑制品与构配件产品标准化技术委员会	北京中建建筑科学研究院有限公司、福建省建筑科学研究院、中国建筑一局（集团）有限公司	在编
6		建标[2008]103	建筑遮阳用电机技术条件	住房和城乡建设部建筑制品与构配件产品标准化技术委员会	上海青鹰遮阳技术发展有限公司	JG／T 278-2009
7		建标标函[2011]16号	建筑遮阳用织物通用技术要求	住房和城乡建设部建筑制品与构配件产品标准化技术委员会	上海市装饰装修行业协会、上海市建筑科学研究院（集团）有限公司	在编
8		建标[2007]127	建筑遮阳制品隔热性能试验方法	住房和城乡建设部建筑制品与构配件产品标准化技术委员会	同济大学	JG／T 281-2009

续表

序号	标准体系	计划文号	标准名称	技术归口单位	主编单位	发布情况
9	通用标准	建标[2007]127	建筑遮阳制品遮光性能试验方法	住房和城乡建设部建筑制品与构配件产品标准化技术委员会	同济大学	JG/T 280-2009
10		建标[2007]127	建筑遮阳制品隔声性能试验方法	住房和城乡建设部建筑制品与构配件产品标准化技术委员会	同济大学	JG/T 279-2009
11		建标[2007]127	建筑遮阳篷耐积水荷载试验方法	住房和城乡建设部建筑制品与构配件产品标准化技术委员会	上海建筑科学研究院	JG/T 240-2009
12		建标[2007]127	建筑遮阳机械耐久性能试验方法	住房和城乡建设部建筑制品与构配件产品标准化技术委员会	上海建筑科学研究院	JG/T 241-2009
13		建标[2007]127	建筑外遮阳产品抗风性能试验方法	住房和城乡建设部建筑制品与构配件产品标准化技术委员会	上海建筑科学研究院	JG/T 239-2009
14		建标[2007]127	建筑遮阳产品操作力试验方法	住房和城乡建设部建筑制品与构配件产品标准化技术委员会	上海建筑科学研究院	JG/T 242-2009
15		建标[2008]103	建筑遮阳制品误操作试验方法	住房和城乡建设部建筑制品与构配件产品标准化技术委员会	北京中建建筑科学研究院有限公司	JG/T 275-2009
16		建标[2008]103	密封百叶窗气密性试验方法	住房和城乡建设部建筑制品与构配件产品标准化技术委员会	北京中建建筑科学研究院有限公司	JG/T 282-2009
17		建标标函[2011]16号	建筑遮阳产品耐雪荷载性能检测方法	住房和城乡建设部建筑制品与构配件产品标准化技术委员会	北京中建建筑科学研究院有限公司	在编
18		建标标函[2011]16号	建筑门窗遮阳性能检测方法	住房和城乡建设部建筑制品与构配件产品标准化技术委员会	广东省建筑科学研究院 中国建筑科学研究院	在编
19	专用标准	建标[2006]78	内外遮阳金属百叶	住房和城乡建设部建筑制品与构配件产品标准化技术委员会	中国建筑材料科学研究院	JG/T 251-2009
20		建标[2007]127	中空玻璃内置遮阳制品	住房和城乡建设部建筑制品与构配件产品标准化技术委员会	中国建筑科学研究院建筑物理研究所	JG/T 255-2009
21		建标[2007]127	建筑曲臂遮阳篷	住房和城乡建设部建筑制品与构配件产品标准化技术委员会	上海市装饰装修行业协会建筑遮阳委员会	JG/T 253-2009
22		建标[2007]127	建筑遮阳软卷帘	住房和城乡建设部建筑制品与构配件产品标准化技术委员会	上海市装饰装修行业协会建筑遮阳委员会	JG/T 254-2009
23		建标[2007]127	建筑遮阳天篷帘	住房和城乡建设部建筑制品与构配件产品标准化技术委员会	上海市装饰装修行业协会建筑遮阳委员会	JG/T 252-2009
24		建标标函[2010]10号	建筑用铝合金遮阳板	住房和城乡建设部建筑制品与构配件产品标准化技术委员会	中国建筑材料检验认证中心、国家建筑材料测试中心	在编
25		建标标函[2010]10号	建筑遮阳硬卷帘	住房和城乡建设部建筑制品与构配件产品标准化技术委员会	上海建筑科学研究院、中国建筑材料检验认证中心	在编
26		建标标函[2011]16号	建筑用遮阳膜	住房和城乡建设部建筑制品与构配件产品标准化技术委员会	上海市装饰装修行业协会	在编

《建筑遮阳产品术语》标准在完成了部分产品标准和试验方法标准后，住房和城乡建设

部批准立项，目前已通过专家审查。将为统一遮阳产品术语和定义、规范行业用语奠定良好基础。

《建筑遮阳技术要求》、《建筑外遮阳产品抗风性能试验方法》等17项通用技术、试验方法标准，已发布13项，4项在编。在遮阳行业初期，为产品的开发、试验以及质量检验提供了强大的技术支持，为建筑遮阳产品的发展提供了技术方法保证。

《内外遮阳金属百叶》等8项产品标准，已发布5项，3项在编，8项标准涵盖了建筑遮阳常用的八大类产品。标准在编制过程中，每一个编制组都作了大量的调研和验证性试验，对每一类产品的技术要求和试验方法都作了明确的规定，将保证建筑遮阳产品的质量，也为遮阳产品的技术发展打下坚实基础。

这些针对建筑遮阳产品工程应用的技术要求以及产品固有特性（物理、机械疲劳和寿命周期等）、安全性能（机械安全、抗风、误操作等）和功能特性（遮阳、热舒适、视觉舒适等）的检测方法和产品标准的出台，将为遮阳产品在工程应用方面提供技术支撑和保证，对建筑遮阳产品的推广应用具有重要意义。

随着我国建筑节能标准贯彻执行的力度越来越大，以及人民对生活质量、环境的要求越来越高，对建筑的舒适性也将提出新的要求，建筑遮阳产业必将跨越式发展，建筑遮阳技术也一定会快速提高和发展，遮阳系列标准的发布将支撑和保障建筑遮阳行业健康、有序发展，为我国的建筑节能事业作出重要贡献。

第5节 建筑遮阳科技成果评估与推广、工程示范

建筑遮阳技术具有良好的建筑节能效果，但是目前，建筑遮阳技术在我国的应用还属于初级阶段，为了进一步加强建筑遮阳技术的推广应用，根据目前建筑遮阳技术应用的客观现状，利用科技成果评估与推广，工程示范引导，标准体系建设等多种途径，推动建筑遮阳技术的工程应用和产业发展。

5.1 科技成果评估与推广

建设行业科技成果评估与推广工作，是住房和城乡建设部为了贯彻落实《中华人民共和国促进科技成果转化法》而开展的重要科技工作。科技成果评估是指综合运用科技成果鉴定和无形资产评估的评价方式，对科技成果的技术水平和经济价值进行评估，分为水平评估、综合评估和价值评估三种类型，在评估内容上主要包括针对成果的技术水平、经济价值、市场效益、市场风险等方面进行评价。建设行业科技成果推广项目是住房城乡建设部推广应用新技术和限制、禁止使用落后技术的重要工作内容之一，范围包括工程建设、城市建设和村镇建设等领域，经过科技成果鉴定、评估或新产品新技术鉴定的先进、成熟、适用的技术、工艺、材料、产品。

在程序上，科技成果评估分为项目申报、评估资料的形式审查和技术审查、专家评估委员会评估和项目发布四个阶段。科技成果推广分为项目申报、推广项目审查和评审、项目发布三个阶段。

建筑遮阳科技成果推广项目的评估工作已经由住房和城乡建设部科技发展促进中心组织完成。

5.2 示范工程建设

技术集成与示范是科技成果推广应用的有效方法之一，通过技术示范将带动和引导新技术、新材料、新工艺、新产品在建设领域的广泛实施应用，对推动建设行业技术进步具有重要的现实意义。为了促进建设科技成果推广转化，建设部于 2001 年和 2002 年先后出台了《建设领域推广应用新技术管理规定》（建设部令 109 号）和《建设部推广应用新技术管理细则》，从而开创了鼓励科研开发与科技推广并重的局面。

科技示范工程作为科技成果推广应用的有效措施之一，各级建设主管部门、开发单位、施工单位、科研单位都对科技示范工程给予高度的重视，成为各地建设主管部门开展科技成果推广的工作平台。经过近七年的时间，住房和城乡建设部科技示范工程作为代表建设科技领域综合类的示范工程，得到了有效的发展。

建筑遮阳科技示范工程的评估工作已经由住房和城乡建设部科技发展促进中心组织完成。

第 2 章　建筑遮阳技术基础

　　建筑遮阳作为人类适应气候的主动选择，首先体现了太阳与地球的相对运动关系及其形成的内外光热环境；而当前遮阳产品与工程迅猛发展，综合展现了现代技术及材料的广泛应用。本章在讨论建筑遮阳的基本光学原理的基础上，分析了建筑辐射得热及其形成的空调负荷；根据多种依据对当前遮阳产品进行了分类，并阐述了建筑遮阳材料与建筑遮阳产品性能要求；进而结合遮阳设计的依据，根据相关标准对遮阳工程的要求提出了遮阳产品的选择原则。

第1节 建筑遮阳的基本原理

1.1 日照

阳光直接照射到物体表面的现象，称为日照；阳光直接照射到建筑地段、建筑物外围护结构表面和房间内部的现象称为建筑日照。通过研究太阳直射辐射对建筑物的作用和建筑物对日照的要求，可以根据建筑物的性质、使用功能要求和建筑条件，通过必要的建筑措施争取日照或者避免日照。

一、日照的作用与建筑物对日照的要求

由于阳光照射，引起动植物的各种光生物学反应，从而促进生物机体的新陈代谢。阳光中所含紫外线能预防和治疗一些疾病，如感冒、支气管炎、扁桃腺炎和佝偻病等。建筑阳光中含有大量红外线和可见光，若冬季能直射入室内，所产生的热效应能提高室内温度，有良好的取暖和干燥作用；此外，日照对建筑造型艺术有不可替代的作用与影响，直射阳光不仅能增强建筑物的立体感，不同角度变化的阴影使建筑物更具艺术风采。

而过量的日照，特别是在我国南方炎热地区的夏季，容易造成室内过热，恶化室内热环境；若阳光直射到工作面上，可能产生眩光，不仅会影响视力、降低工作效率，甚至造成严重事故；此外，直射阳光造成许多物品褪色、变质等损坏，有时还有导致爆炸的危险。

建筑日照设计的目的在于：

1) 按地理纬度、地形与环境条件，合理地确定城乡规划的道路网方位、道路宽度、居住区位置、居住区布置形式和建筑物的体形；

2) 根据建筑物对日照的要求及相邻建筑的遮挡情况，合理地选择和确定建筑物的朝向和间距；

3) 根据阳光通过采光口进入室内的时间交口及建筑构件的位置、形状及大小、面积和太阳辐射照度等的变化情况，确定采光口及建筑物的位置、形状及大小；

4) 正确设计遮阳构件的形式、尺寸与构造。

二、地球绕太阳运行的规律

地球属于太阳系的一颗行星，除绕地轴自转外，还绕太阳公转。自转一周为一天，公转一周为一年。地球公转的轨道平面称为黄道面。地球在自转与公转的运动中，其地轴始终与黄道面保持66°33'夹角。这样，太阳光线直射在地球南、北纬度23°27'之间的整围内，且年复一年、周而复始地变动着，从而形成了地球上春、夏、秋、冬四季的更替。

通过地心并与地轴垂直的平面与地球表面相交而成的圆，即是地球的赤道，太阳光线与地球赤道面所夹的圆心角，即所谓的太阳赤纬角δ。赤纬角从赤道面起算，向北为正,向南为负。显然，赤纬角变化于±23°27'范围内。在一年中，春分时，阳光直射地球赤道，赤纬角为0°，阳光正好切过两极，因此，南北半球昼夜等长。此后，太阳向北移动，到夏至日，阳光直射北纬23°27'，且切过北极圈，即北纬66°33'线，这时的赤纬角为+23°27'。所以，赤纬亦可看做是阳光直射的地理纬度。在北半球从夏至到秋分为夏季，北极圈内都在向阳的一侧，故为"永昼"；南极圈内却在背阳的一侧，故为"长夜"；北半球昼长夜短，南半球则昼短夜长。夏至以后，太阳不再向北移动，而是逐日南移返回赤道，所以北纬23°27'处称为北回归线。

当阳光又直射到地球赤道时，赤纬角为 0°，称为秋分。这时，南北半球昼夜又是等长。当阳光继续向南半球移动，到达南纬 23°27' 时，即赤纬角为 −23°27'，称为冬至。此时，阳光切过南极圈，南极圈内为"永昼"，北极圈内背阳为"长夜"；南半球昼长夜短，北半球则昼短夜长。冬至以后，阳光又向北移动返回赤道，当回到赤道时，又是春分了。如此周期性变化，年复一年。

由上所述可以看出，地球在绕太阳公转的行程中，太阳赤纬角的变化反映了地球的不同季节。或者说，地球上的季节可用太阳赤纬角表示。

地球绕太阳运行，相对来说，我们在地球上见到的却是太阳在天空中移动。为了确切地描述太阳在天空中的移动与位置，必须要选定一套合适的坐标系统，正如为了确定地球表面某点的位置，采用经度和纬度来表示一样。

为了说明太阳在天空中与地球的相对运动，假定地球不动，以地球为中心，以任意长为半径作一假想球面，天空中包括太阳在内的一切星体，均在这个球面上绕地轴转动，这个假想的球体，称为天球。

三、太阳位置的确定

太阳在天球上的位置每日、每时都有变化。为了确定其位置，常用赤道坐标系和地平坐标系来共同表示。

赤道坐标系是把地球上的经、纬度坐标系扩展至天球，在地球上与赤道面平行的纬度面。在天球上则叫赤纬圈；在地球上通过南北极的经度圈，在天球上则称时圈。以赤纬和时角表示太阳的位置。所谓时角，是指太阳所在的时圈与通过南点的时圈构成的夹角，单位为度。通常以观察点 O 与南点 Q 的连线 OQ 处为零，自天球北极看，顺时针方向为正，逆时针方向为负。时角表示太阳的方位，因为天球在一天 24h 内旋转 360°，所以每小时为 15°。假如已知太阳经南点后至观察时刻的位置所经历的时间 t，乘以 15°，即得出在观察时刻太阳所处位置之时角 π 的度数，即 $\pi = 15t$, deg。

地平坐标系是以地平图为基圆，用太阳高度角和方位角来确定太阳在天球中的位置。所谓太阳高度角是指太阳直射光线与地平面间的夹角；太阳方位角是指太阳直射光线在地平面上的投影线与地平面正南向所夹的角，通常以南点 S 为 0°，向西为正值，向东为负值。

任何一个地区，在日出、日没时，太阳高度角 $h_s = 0°$；一天中的正午，即当地太阳时 12 时，太阳高度角最大，此时太阳位于正南（或正北），即太阳方位角 $A_s = 0°$（或 180°）。任何一天内，按当地太阳时，上、下午太阳的位置对称与正午。例如下午 3h15min 对称与上午 8h45min，二者太阳高度角和方位角的数值相同，只是方位角的符号相反，表示上午偏东，方位角为负值；下午偏西，方位角为正值。

我们总是从地球某一地点的地平面上观察太阳的运行，因此观察点的地理纬度是确定的。需要指出的是，由于地理纬度的不同，从地平面观察到的太阳视轨迹亦不一样，因此，太阳的准确位置应按太阳高度角与太阳方位角来确定。

四、地方时与标准时

一天时间的测定，是以地球自转为依据的。日照设计所用的时间，均为当地平均太阳时，它与日常钟表所指示的标准时之间往往有一差值，故需加以换算。

所谓平均太阳时，是以太阳通过该地子午线为正午 12h 来计算一天的时间。这样，经度不同的地方，正午时间都不同，使用很不方便。因此规定在一定经度范围内统一使用一种标准时,在该范围内同一时刻的钟点均相同。经国际协议,以本初子午线处的平均太阳时为世界时间的标准,叫"世界时"。将整个地球按地理经度划分为24个时区,每个时区包含地理经度15°。以本初子午线东西各7.5°为零时区,向东分12个时区,向西亦分12个时区。每个时区都按它的中央子午线的平均太阳时为计时标准,称为该时区的标准时,相邻两个时区的时差为1h。

我国地域辽阔,从东五时区到东九时区,横跨5个时区。为了方便起见,统一采用东八时区的时间,即以东经120°的平均太阳时为全国标准时,称为"北京时间"。北京时间和世界时相差8h,即北京时间等于世界时加上8h。

根据天文学有关公式,地方平均太阳时与标准时之间的转换关系为

$$T_0 = T_m + 4(L_0 - L_m) + E_p \qquad (2-1)$$

式中 T_0——标准时间(h;min);

T_m——地方平均太阳时(h;min);

L_0——标准时间子午线的经度(deg);

L_m——当地时间子午线的经度(deg);

$4(L_0-L_m)$——时差(min);

E_p——均时差(min)。

E_p是一个修正系数,这是因为地球绕太阳公转的轨道是一个椭圆,且地轴倾斜于黄道面,致使一年中太阳时的量值不断变化,故需加以修正。E_p值的变化范围是从 -16min 到 $+14$min 之间。考虑到日照设计中所用的时间不需要那样精确,E_p值一般可以忽略不计,而近似地按下式换算:

$$T_0 = T_m + 4(L_0 - L_m) \qquad (2-2)$$

经度差前面的系数4是这样确定的:地球自转一周为24h,地球的经度分为360°,所以,每转过经度1°为4min。地方位置在中心经度线以西时,经度每差1°要减去4min;位置在中心经度线以东时,经度每差1°要加上4min。

1.2 光气候

所谓光气候就是由太阳直射光、天空扩散光和地面反射光形成的天然光平均状况。在天然采光的房间里,室内光环境随着室外天气的变化而改变。因此,必须对当地的室外照度状况以及影响它变化的气象因素有所了解,以便在设计中采取相应措施,保证采光需要。

一、天然光的组成和影响因素

由于地球与太阳相距很远,故可认为太阳光是平行地射到地球上。太阳光穿过大气层时,一部分透过它射到地面,称为太阳直射光,它形成的照度大,并具有一定方向,在被照射物体的背后出现明显的阴影。另一部分碰到大气层中的空气分子、灰尘、水蒸气等微粒,产生多次反射,使天空具有一定亮度,形成天空扩散光。天空扩散光在地面上形成的照度较低,没有一定方向,不能形成阴影。太阳直射光和天空扩散光射到地面后,经地面反射,并在地面与天空之间产生多次反射,使地面的照度和天空的亮度都有所增加,这部分称为地面反射光。由此,全云天时室外天然光只有天空扩散光。晴天时,室外天然光由太阳直射光和天空扩散光两部分组成,这两部分光在总照度中的比例随着天空中的云量和云是否将太阳遮住而改变。太阳直射光在总照度中的比例由无云天时的90%到全云天时的零;天空扩散光则相反,

在总照度中所占比例由无云天的10%到全云天的100%。随着两种光线所占比例的不同，地面上阴影的明显程度也随之改变，总照度大小也不相同。

1. 晴天

是指天空无云或很少云，这时地面照度是由太阳直射光和天空扩散光两部分组成。这两部分光的照度值都是随太阳在天空位置的升高而增大，只是扩散光在太阳高度角较小时（日出、日落前后）变化快，到太阳高度角较大时变化趋小。而太阳直射光照度在太阳高度角较小时变化慢，太阳高度角较大时变化快。因此，太阳直射光照度在总照度中所占比例是随太阳高度角的增加而迅速变大，阴影也随之而更明显。两种光线的组成比例还受大气透明度的影响。透明度愈高，直射光占的比例愈大。

天空亮度分布是随大气透明度、太阳和计算点在天空中的相对位置而变的。最亮处在太阳附近，离太阳愈远，亮度愈低，在太阳子午圈（它是通过太阳和天顶的剖面线）上、与太阳成90°处达到最低。由于太阳在天空中的位置是随时间而改变的，因此天空亮度分布也是变化不定的。因此，建筑物的朝向对采光影响很大。朝阳房间（如朝南）面对太阳所处的半边天空亮度较高，房间内照度也高；而背阳房间（如朝北）面对的是低亮度天空，故这些房间的照度就比朝阳房间的照度低得多。而在朝阳房间中，如太阳光射入室内，则在太阳照射处具有很高的照度，而其他地方的照度是由天空扩散光形成，其照度就低得多。这在室内产生很大的明暗对比，而这种明暗面的位置和比值又不断改变，使室内采光状况很不稳定。

2. 全云天（阴天）

这时天空全部为云所遮盖，看不见太阳，因此室外天然采光全部为扩散光，物体后面没有阴影。这时地面照度取决于：

1) 太阳高度角：中午时刻比早晚的照度高；

2) 云状：不同的云由于它们的组成成分不同，对光线的影响也不同。低云云层厚，位置靠近地面，它主要由水蒸气组成，故遮挡和吸收大量光线，如下雨时的云，这时天空亮度低，地面照度也很小。高处的云是由冰晶组成，反光能力强，此时天空亮度达到最大，地面照度也高；

3) 地面反射能力：由于光在云层和地面间多次反射，使天空亮度增加，地面上的照度也显著提高，特别是当地面积雪时，地面照度比无雪时提高可达1倍以上；

4) 大气透明度：如工业区烟尘对大气的污染，使大气杂质增加，大气透明度降低。于是，室外照度大大降低。

以上四个因素都影响室外照度，而其本身在一天中也是变化的，必然也使室外照度随之变化，只是其变化幅度没有晴天那样剧烈。

3. 多云天

除了晴天和全云天这两种极端状况外，还有多云天。多云天时，云的数量和在天空中的位置瞬时变化，太阳时隐时现，因此照度值和天空亮度分布都极不稳定，其不稳定程度大大超过上述两种天空时的状况。这说明光气候是错综复杂的，需要从长期的观测中找出其规律；目前多采用全云天作为设计依据，这显然不适合于晴天或多云天多的地区，所以有人提出按所在地区占优势的天空状况或按"平均天空"来进行设计和计算。

二、我国光气候概况

从上述可知，影响室外地面照度的因素主要有：太阳高度、云状、云量、日照率（太阳出现时数和理论上应出现时数之比）。我国地域辽阔，同一时刻南北方的太阳高度相差很大。从日照率来看，由北、西北往东南方向逐渐减少，而以四川盆地一带为最低。从云量来看，大致是自北向南逐渐增多，新疆南部最少，华北、东北少，长江中下游较多，华南最多，四川盆地特多。从云状来看，南方低云为主，向北逐渐以高、中云为主。这些特点说明，天然光照度中，南方天空扩散光照度较大，北方和西北以太阳直射光为主。

通过观测资料分析出日辐射值与照度的比值——辐射光当量 K 与各种气象因素间的关系。利用这种关系就可以得出各地区的辐射光当量值。通过各地区的辐射光当量值与当地多年日辐射观测值换算出该地区的照度资料。利用这种方法得出的全国 135 个点的照度数据绘制成图 2-1 的全国年平均总照度分布图。

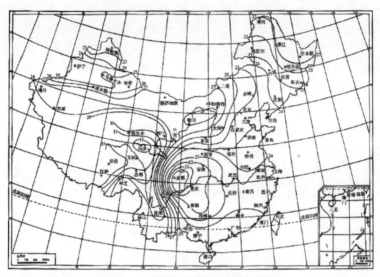

图 2-1　全国年平均总照度分布（klx）

从图中看出我国各地光气候的分布趋势：全年平均总照度最低值在四川盆地，这是因为这一地区全年日照率低、云量多并且多属低云所致。

1.3　天然采光

天然采光，即利用天然光源来保证建筑室内光环境。在良好的光照条件下，人眼才能进行有效的视觉工作。尽管利用天然光和人工光都可以创造良好的光环境，但单纯依靠人工光源（即电光源）需要耗费大量常规能源，间接造成环境污染，不利于生态环境的可持续发展。而天然采光则是对太阳能的直接利用，将适当的昼光引进室内照明，可有效降低建筑照明能耗。

近年来的许多研究表明，太阳的全光谱辐射，是人们在生理上和心理上长期感到舒适满意的关键因素。此外，窗户在完成天然采光的同时，还可以满足室内人员与自然界视觉沟通的心理需求。无窗的房间容易控制室内热湿与洁净水平，节省空调能耗，但不能满足室内人员与外界环境接触的心理需要。在室内有良好光照的同时，让人能透过窗户看见室外的景物，是保证人的工作效率、身心舒适健康的重要条件。因此，建筑物充分利用天然光照明的意义，不仅在于获得较高的视觉功效、节能环保，而且还是一项长远保护人体健康的措施。无论从环境的实用性还是美观的角度，采用被动或主动的手段，充分利用天然光照明是实现建筑可持续发展的路径之一，有着非常重要的意义。

一、天然光源

天然光就是室外昼光，其强弱变化不定。太阳是昼光（Daylight）的光源。部分日光（Sunlight）通过大气层入射到地面，具有一定的方向性，会在被照射物体背后形成明显的阴影，称为太阳直射光。另一部分日光在通过大气层时遇到大气中的尘埃和水蒸气，产生多次反射，形成天空扩散光，使白天的天空呈现出一定的亮度，这就是天空扩散光（Skylight）。扩散光没有一定的方向，不能形成阴影。昼光是直射光与扩散光的总和。

地面照度来源于直射光和扩散光，其比例随太阳高度与天气而变化。通常，按照天空云量的多少将天气分为三类：

- 晴天：云量为 0~3；
- 多云天：云量为 4~7；
- 全阴天：云量为 8~10。

晴天时，地面照度主要来自直射日光，直射光在地面形成的照度占总照度的比例随太阳高度角的增加而加大，阴影也随之愈加明显。全阴天时天空全部被云层遮盖，室外天然光全部为天空扩散光，物体背后没有阴影，天空亮度分布比较均匀且相对稳定。多云天介于二者之间时现照度很不稳定。

在采光设计中提到的天然光往往指的是天空扩散光，它是建筑采光的主要光源。直射光强度极高，而且逐时有很大变化。为防止眩光或避免房间过热，工作房间常需要遮蔽直射光，所以在采光计算中一般不考虑直射光的作用，而是把全阴天空看做是天然光源。但是，由于直射光所能提供的光能要远远大于扩散光，如果能够动态控制直射光的光路，并能够在其落到被照面之前将其有效扩散，则直射光也是非常好的天然光源。

二、天然光的光谱能量分布特征

天然光是太阳辐射的一部分，具有光谱连续且只有一个峰值的特点。人们长期生活在天然光下，天然光是人们生活中习惯的光源。近年来的许多研究表明，太阳的全光谱辐射是人们在生理上和心理上长期感到舒适满意的关键因素。而人工光的发光机理各不相同，其光谱分布也不相同。大多数人工光源的光谱分布有两个以上的峰值，且不连续，容易引起视觉疲劳。人眼像透镜一样要形成色差，对于全光谱的白光而言，眼睛聚焦时，黄色光的焦点正好落在蓝光和红光的焦点之间，在视网膜上形成了平衡状态，不易产生视觉疲劳；当采用特殊峰值光谱成分的光照明时，峰值光谱对应颜色的焦点与白光对应的聚焦位置相差很远，眼睛的聚焦位置需要加以调节，就很容易产生视觉疲劳。一般来说，光谱能量分布较窄的某种纯颜色的光源照明质量较差，光谱能量分布较宽的光源照明质量较好。前者的视觉疲劳高于后者。光谱成分不佳引起视觉疲劳是由于有明显的色差。因此，人们总希望人工光尽量接近天然光，不仅要求光谱分布接近或基本相同，并且也只有一个峰值，还要求有接近的光色感觉。

三、我国的光气候特点与光气候分区

影响室外地面照度的气象因素主要有太阳高度角、云量、日照率等，我国地域辽阔，同一时刻南北方的太阳高度角相差很大。从日照率看来，由北、西北往东南方向逐渐减少，而以四川盆地一带为最低；从云量看来，自北向南逐渐增多，四川盆地最多；从云状看，南方以低云为主，向北逐渐以高、中云为主。这些均说明，南方以天空扩散光照度占优，北方以太阳直射光为主（西藏为特例），并且南北方室外平均照度差异较大。

为了进行天然采光分析，需要了解各地的临界照度。《建筑采光设计标准》GB/T50033-2001将全国分为五类光气候区（图2-2），根据各地区室外年平均总照度长年累计值的高低，分别采用不同的室外临界照度，见表2-1，并且以第Ⅲ区为基准（室外临界照度5000lx）来确定采光系数标准。

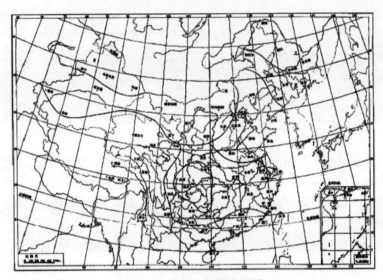

图2-2 我国光气候分区图

光气候系数 K　　　　　　表2-1

光气候分区	Ⅰ	Ⅱ	Ⅲ	Ⅳ	Ⅴ
K 值	0.85	0.90	1.00	1.10	1.20
室外临界照度值 E （lx）	6000	5500	5000	4500	4000

四、不同采光口形式的特征及对室内环境的影响

天然采光的形式主要有侧面采光，即在侧墙上或者屋顶上采光。另外也有采用反光板、放射镜等，通过光井、侧高窗等采光口进行采光的形式。不同种类的采光口设置和采用不同种类的玻璃，形成的室内照度分布有很大的不同。室内的照度水平是很重要的，但照度分布也是室内光环境质量的一个非常重要的指标。

窗的面积越小，获得自然光的光通量就越少。但相同窗口面积的条件下，窗户的形状和位置对进入室内的光通量的分布有很大影响。如果光集中在窗口附近，可能会造成远窗户处照度不足，需要进行人工照明。对于一般的天然采光空间来说，尽量降低近采光口处的照度，提高远采光口处的照度，使照度尽量均匀化是有意义的。

顶窗形成的室内照度分布比侧窗要均匀的多。顶部采光常采用锯齿形天窗、矩形天窗（见图2-3）和平天窗。很多大型空间，如商用建筑的中庭、体育馆、高大车间等常采用天窗采光，

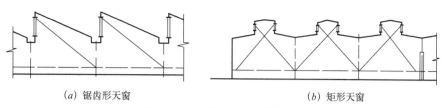

(a) 锯齿形天窗　　　　　　　　　　(b) 矩形天窗

图 2-3　锯齿形天窗、矩形天窗

但侧窗采光仍然是最容易实现并最常用的采光方式。

图 2-4 给出的是不同形状的侧窗形成的光线分布示意。在侧窗面积相等、窗台标高相等的情况下，正方形窗口获得的光通量最高，竖长方形次之，横长方形最少。但从照度均匀性角度看，竖长方形在进深方向上照度均匀性好，横长方形在宽度方向上照度均匀性好。

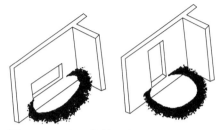

图 2-4　不同形状的侧窗形成的光线分布

除了窗的面积以外，侧窗上沿或者下沿的标高对室内照度分布的均匀性也有着显著影响。图 2-5 是侧窗高度变化对室内照度分布的影响示意图。从图 2-5a 可以看出，随着窗户上沿的下降、窗户面积的减小，室内各点照度均下降。但由图 2-5b 可以看出，提高窗台的高度，尽管窗的面积减小了，导致近窗处的照度降低，却对进深处的照度影响不大。

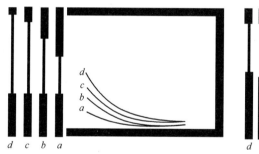 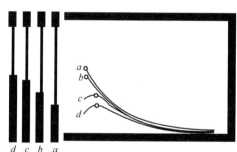

(a) 窗上沿高度对照度分布的影响　　　　(b) 窗台高度对室内照度分布的影响

图 2-5　侧窗高度变化对室内照度分布的影响

图 2-6 是面积相同侧窗的不同布置对室内照度分布的影响示意。影响房间进深方向上的照度均匀性的主要因素是窗位置的高低。由 (a)、(b)、(c) 的对比可见，窗面积相同的情况下，高窗形成的室内照度分布比较均匀，即近窗处比较低，远窗处相对比较高。而图 2-6a 的低窗和图 2-6c 中分割成多个的窄条窗形成的照度分布均匀性要差很多。

图 2-7 是不同透光材料对室内照度分布的影响示意。不同类型的透光材料对室内照度分布也有重要的影响。采用扩散透光材料如乳白玻璃、玻璃砖，或者采用将光线折射到顶棚的定向折光玻璃，都有助于使室内的照度分布均匀化。

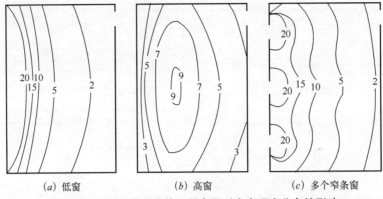

(a) 低窗　　　　　　(b) 高窗　　　　　　(c) 多个窄条窗

图 2-6　面积相同侧窗的不同布置对室内照度分布的影响

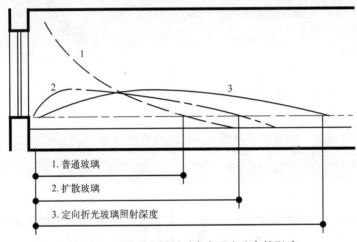

1. 普通玻璃
2. 扩散玻璃
3. 定向折光玻璃照射深度

图 2-7　不同透光材料对室内照度分布的影响

1.4　建筑辐射得热及相应空调负荷

一、太阳辐射的基本原理

太阳是直径相当于地球 110 倍的高温气团,其表面温度 6000K 左右,内部温度则高达 2×10^7K。太阳表面不断地以电磁辐射方式向宇宙空间发射出巨大的热能,地球接受的太阳辐射能量约为 1.7×10^{14}kW,仅占其总辐射能量的二十亿分之一左右。

太阳辐射热量的大小用辐射强度 I 来表示。它是指 $1m^2$ 黑体表面在太阳照射下所获得的热量值,单位为 W/m^2。太阳辐射热强度可用仪器直接测量。太阳射线在到达大气层上界时,垂直于太阳射线方向的表面上的辐射强度 $I_0=1353W/m^2$ (I_0 亦称为太阳常数,是当太阳与地球距离为平均值时所量测的)。

当太阳辐射线到达大气层时,其中一部分辐射能量被大气层中的臭氧、水蒸气、二氧化碳和尘埃等吸收(其中大部分被水蒸气所吸收)。另一部分被云层中的尘埃、冰晶、微小水珠及各种气体分子等反射或折射,形成漫无方向的散射辐射,亦称天空辐射(其中大部分返回宇宙空间中去,一部分反射到地球表面)。其余未被吸收和散射的辐射能,则仍按原来的辐射方向,透过大气层沿直线继续前进,直达地面,故称此部分为直射辐射。所以到达地面的太阳辐射能量是直射辐射能量与散射辐射能量之和。

太阳直射辐射是指太阳平行光线直接投射到地面上的能量,故而是有方向的,它受到一系列因素影响。散射辐射可认为没有方向性,在晴天它只占总辐射能量的一小部分,所以太阳直射辐射是影响总辐射的主要因素。

到达地面的直射辐射的方向,取决于地球对太阳的相对位置。

由于地球被一层大气所包围,太阳辐射线到达大气层时,其能量一部

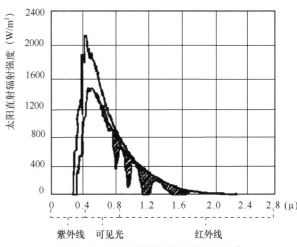

图2-8 太阳辐射光谱及其强度分布

分在地球大气层上部被反射回宇宙空间,另一部分被大气层所吸收,剩下的1/3多一些才到达地球表面。

图2-8表示太阳辐射光谱及其强度分布。透过大气达到地面的太阳辐射线中,一部分按原来直线辐射方向到达地面,称太阳直射辐射;另一部分由于被各种气体分子、液体或固体颗粒反射或折射,到达地球表面时并无特定方向,称太阳散射辐射;直射辐射和散射辐射之总和称为太阳总辐射或简称太阳辐射。

太阳辐射强度(又称太阳辐射照度)指$1m^2$黑体表面在太阳照射下所获得的热量值,单位为kW/m^2(或W/m^2)。它可用仪器直接量测。

到达地面的太阳辐射强度的大小,主要取决于地球对太阳的相对运动,也就是取决于被照射地点与太阳射线形成的高度角β和太阳光线通过大气层的厚度。

地理纬度不同、季节不同,昼夜不同,太阳辐射强度都不同。

如纬度高的南极和北极,太阳高度角小,太阳通过大气层的路程长,太阳辐射强度小;而纬度低的赤道太阳辐射强度大。

从而可见,到达地面的太阳辐射强度的大小取决于地球对太阳的相对位置(亦即地理纬度、季节、昼夜等),即与太阳射线对地面的高度角和它通过大气层的路程等因素有关,此外,还与大气透明度有关。

二、建筑辐射得热

1. 围护结构外表面所吸收的太阳辐射热

太阳光谱主要是由$0.2\sim3.0\mu m$的波长区域组成的。太阳光谱的峰值位于波长$0.5\mu m$附近,到达地面的太阳辐射能在紫外区($0.2\sim0.4\mu m$)占的比例很小,约为1%,可见光线区($0.4\sim0.76\mu m$)和红外线区占主要部分。所以它同传热学中提到的一般工业上的高温热源(2000K以下)的辐射能量的分布有区别。后者是集中在波长为$0.8\sim40\mu m$的红外线范围内,而其峰值则位于$2.5\mu m$以上。其辐射能量的高峰是随着温度升高而移向波长较短的一边的。

当太阳射线照射到非透明的围护结构外表面时,一部分被反射,另一部分被吸收,二者的比例决定于表面粗糙度和颜色,表面越粗糙,颜色越深,则吸收的太阳辐射热越多。而同一种材料对于不同波长的热辐射的吸收率(或反射率)是不同的,黑色表面对各种波长的辐

射几乎都是全部吸收,而白色表面对不同波长则显著不同,对于可见光线几乎90%都反射回去,所以在外围护结构上刷白或玻璃窗上挂白色窗帘可减少进入室内的太阳辐射热。对于一般高温工业热源的长波热射线(波长为5~25μm)来说,白色表面的反射作用很小,几乎和黑色表面一样,而表面抛光的铝箔则有很高的反射率。

因此,对于太阳辐射,围护结构的表面越粗糙、颜色越深,吸收率就越高,反射率越低。表2-2是各种材料的围护结构外表面对太阳辐射的吸收率α。把外围护结构表面涂成白色或在玻璃窗上挂白色窗帘可以有效地减少进入室内的太阳辐射热。但应该注意到,绝大多数材料的表面对长波辐射的吸收率和发射率随波长的变化并不大,可以近似认为是常数。而且不同颜色的材料表面对长波辐射的吸收率和反射率差别也不大。除抛光的表面以外,一般建筑材料的表面对长波辐射的吸收率都比较高,基本都在0.9上下。

各种材料的围护结构外表面对太阳辐射的吸收率α   表2-2

材料类别	颜色	吸收率α	材料类别	颜色	吸收率α
石棉水泥板	浅	0.72~0.87	红砖墙	红	0.7~0.77
镀锌薄钢板	灰黑	0.87	硅酸盐砖墙	青灰	0.45
拉毛水泥面墙	米黄	0.65	混凝土砌块	灰	0.65
水磨石	浅灰	0.68	混凝土墙	暗灰	0.73
外粉刷	浅	0.4	红褐陶瓦面	红褐	0.65~0.74
灰瓦屋面	浅灰	0.52	小豆石保护屋面层	浅黑	0.65
水泥屋面	素灰	0.74	白石子屋面		0.62
水泥瓦屋面	暗灰	0.69	油毛毡屋面		0.86

2. 建筑围护结构的得热

某时刻在内外扰动作用下进入房间的总热量叫做该时刻的得热。而在这里"房间"的范围是指围护结构的内表面包络的范围之内,包括室内空气、室内家具以及围护结构的内表面。即所谓的得热,就是在外部气象参数作用下,由室外传到外围护结构内表面以内的热量,或者是室内热源散发在室内的全部热量,包括通过对流进入室内空气以及通过辐射落在围护结构内表面和室内家具上的热量。

建筑物的得热包括显热得热和潜热得热两部分。这里的得热表达式基本是指显热得热,而潜热得热则是以进入到室内的湿量的形式来表述的。

室内热源形成的总得热量是比较容易求得的,基本取决于热源的发热量,与室内空气参数和室内表面状态无关。但通过围护结构的总得热量却与很多条件有关,不仅受室外气象参数和室内空气参数的影响,而且与室内其他表面的状态有显著的关系。因此通过外围护结构的得热的求解方法要复杂得多,需要一定的假定条件来简化得热的求取过程。

通过外围护结构的显热传热过程也有两种不同类型,即通过非透光围护结构的热传导以及通过透光围护结构的日射得热。这两种热传递有着不同的原理,但又相互关联。而通过围护结构形成的潜热得热主要来自于非透光围护结构的湿传递。

室外气象和室内空气温度对围护结构的影响比较清楚而且有一定的确定性,而室内其他内表面长波辐射以及辐射热源的作用的求解比较复杂,需要了解各内表面间的角系数和实际表面温度,而且还应该考虑邻室的影响才能求得。在考虑通过非透光围护结构的得热时,我们希望的是能够突出反映在一定的室内空气温度条件下,所考察的外围护结构在室外气象参数作用下的表现,因此需要剔除其他室内因素的影响,把室外扰动和室内扰动的作用分开来进行分析。

三、通过围护结构形成的冷负荷

1. 得热量和冷负荷的基本概念

在进行建筑物空调冷负荷计算时,首先必须分清两个含义不同而又相互关联的量,即得热量和冷负荷。

房间得热量指某时刻进入房间的总热量,这些得热来源于室内外温差传热、太阳辐射进入热、室内照明、人员、设备散热。按是否随时间变化,得热量分稳定得热和瞬变得热;按性质不同,得热量又可分为显热得热和潜热得热,而显热又包括以对流和辐射两种方式传递的得热。而冷负荷指为了连续保持室温恒定,在某时刻需向房间供应的冷量,或需从室内排除的热量。

得热量作为在某一时刻由室外和室内热源散入房间的热量的总和,根据性质的不同,可分为潜热和显热两类,而显热又包括对流热和辐射热两种成分。

瞬时冷负荷是指为了维持室温恒定,空调设备在单位时间内必须自室内取走的热量,也即在单位时间内必须向室内空气供给的冷量。

2. 冷负荷的相对衰减和延迟

冷负荷与得热量有时相等,有时则不等。围护结构热工特性及得热量的类型决定了得热和负荷的关系。在瞬时得热中的潜热得热及显热得热中的对流成分是直接放散到房间空气中的热量,它们立即构成瞬时负荷,而显热得热中的辐射成分(如经窗的瞬时日射得热及照明辐射热等)则不能立即成为瞬时冷负荷。因为辐射热透过空气被室内各种物体表面所吸收和储存。这些物体的温度会提高,一旦其表面温度高于室内空气温度时,它们又以对流方式将储存的热量再散发给空气。

图2-9所示为某房间,当其温度保持一定,空调装置连续运行时,进入室内的瞬时太阳辐射热与冷负荷之间的关系。由该图可知,实际冷负荷的峰值大致比太阳辐射热的峰值少40%,而且出现的时间也迟于太阳辐射热峰值出现的时间。图中左侧阴影部分表示蓄存于结构中的热量。由于保持室温不变。两部分阴影面积是相等的。

当空调系统间歇使用时,室温有一定的波动,引起围护结构额外的蓄热和放热,结果使

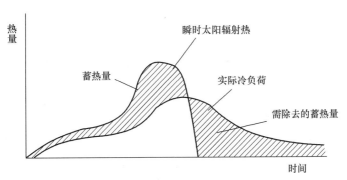

图2-9 瞬时太阳辐射得热与房间实际冷负荷关系

得空调设备要自室内多取走一些热量,这种在非稳定工况下空调设备自室内带走的热量称为"除热量"。

由以上分析可见,得热量转化为冷负荷过程中,存在着衰减和延迟现象。冷负荷的峰值不只低于得热量的峰值,而且在时间上有所滞后,这是由建筑物的蓄热能力所决定的。蓄热能力愈强,则冷负荷衰减愈大,延迟时间也愈长。而围护结构蓄热能力和其热容量有关,热容量愈大,蓄热能力也愈大,反之则小。材料的热容量等于重量与比热的乘积,而一般建筑结构的材料比热值大致相等,故材料热容量就单一地与其重量成正比关系。图2-10所示为不同重量的围护结构的蓄热能力对冷负荷的影响,重型结构的蓄热能力比轻型结构蓄热能力大得多,其冷负荷的峰值就比较小,延迟时间也长得多。

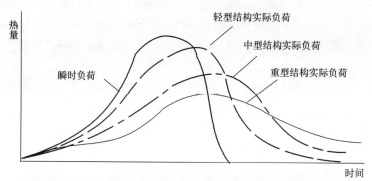

图2-10 瞬时日射得热与轻、中、重型建筑实际冷负荷关系

3. 辐射得热形成空调负荷的机理

图2-11所示是用图解方式表达的上述辐射得热形成空调负荷的机理。

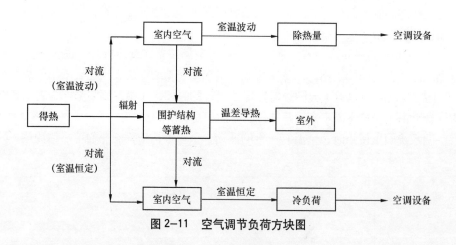

图2-11 空气调节负荷方块图

由以上分析可知,在计算空调负荷时,必须考虑围护结构的吸热、蓄热和放热效应,根据不同的得热量,分别计算得热量所形成的冷负荷。

瞬时得热中以对流方式传递的显热得热和潜热得热部分,直接放散到房间空气中,立刻构成房间瞬时冷负荷;而显热得热借助辐射方式传递的得热量,首先投射到具有蓄热性能的围护结构和家具等室内物体表面上,并为之所吸收,只有当这些围护结构和家具等室内物体表面因吸热而温度升高到高于室内空气温度后，所蓄存的一部分热量再借助对流方式逐渐放出加热室内空气，成为房间滞后冷负荷，另一部分被围护结构所储存。空调冷负荷应是以上两部分冷负荷之和。

第2节 建筑遮阳分类及其技术要求

2.1 建筑遮阳设施的分类

总体上遮阳可分为两大类，即构件式遮阳和遮阳产品。所谓构件式遮阳，是和建筑主体一起设计、施工，作为建筑主体一部分，固定的、起遮阳作用的建筑构件；遮阳产品是由工厂生产完成，到现场安装，可随时拆卸，具有各种活动方式的遮阳产品。

一、构件式遮阳

构件式遮阳按其在建筑立面放置的位置分为：

1）水平式：遮阳设施（包括构件式遮阳和遮阳产品）在太阳高度角较大时，能有效遮挡从窗口上前方投射下来的直射阳光。宜布置在北回归线以北地区的南向及接近南向的窗口、北回归线以南地区的南向及北向窗口。

2）垂直式：在太阳高度角较小时，能有效遮挡从窗口侧面斜射过来的直射阳光。宜布置在南向、东南向、西南向的窗口。

3）综合式：能有效遮挡从窗前侧向斜射下来的直射阳光，遮阳效果比较均匀。宜布置在从东南向到西南向范围内的窗口。

4）挡板式：能有效遮挡从窗口正前方射来的直射阳光。宜布置在东、西向及其附近方向的窗口。但要注意其对视线及通风的影响。

二、遮阳产品

在国外，建筑遮阳经过长期的发展，产品已极为丰富。十多年来，我国建筑遮阳产业取得了巨大的发展，对遮阳产品的分类方法也日渐科学。目前，建筑遮阳设施的分类方法多种多样，不同的目的有不同的分类方法。

1. 按建筑遮阳产品的种类分

可分为建筑遮阳帘、建筑遮阳窗（含硬卷帘）、建筑遮阳板、建筑遮阳篷、建筑遮阳格栅、其他建筑遮阳产品等。

1）建筑遮阳帘是由金属、织物、塑料和木材、玻璃等材料组成，安装在建筑上通过伸展或收回以及开启或关闭等操作，以遮挡太阳光的产品。

2）建筑遮阳窗（含硬卷帘）为由叶片（或帘片）、窗框等组成，安装在建筑上通过伸展或收回以及开启或关闭等操作，以遮挡太阳光的产品。

3）建筑遮阳板为安装在建筑上的固定或可活动的板式构件，用于遮挡太阳光的产品。

4）建筑遮阳篷为由支撑构架、织物等材料组成，安装在建筑上，通过伸展或收回等操作，或者以固定方式，遮挡太阳光的产品。其中天篷帘设在屋顶天窗外侧或内侧，遮挡从玻璃天窗射入的太阳热量，常用于公共建筑中庭。

5）建筑遮阳格栅（花格）为安装在建筑物上，呈间隔条状或花饰状，用于遮挡太阳光的产品。

2. 按遮阳所在位置分

遮阳产品按照在建筑物不同位置分为门窗洞口遮阳、透明幕墙遮阳、墙体遮阳、采光顶遮阳、空间遮阳等。

1) 门窗洞口遮阳：位于建筑门窗洞口上的各种遮阳产品。常见的有窗楣、窗套、雨篷等固定式构件遮阳措施；也有百叶帘、硬卷帘、软卷帘、曲臂遮阳篷等产品遮阳设施。

2) 透明幕墙遮阳：位于建筑透明幕墙上的各种遮阳措施。常见的有机翼式遮阳板、格栅式、双层幕墙中置遮阳（百叶帘）、内遮阳（软卷帘、百叶帘）、绿化等遮阳设施。

3) 墙体遮阳：位于建筑墙体上的各种遮阳措施。常见的有绿化、织物等遮阳措施。

4) 采光顶遮阳：位于建筑采光顶上的各种遮阳措施。常见的有天篷帘、遮阳板等遮阳措施。

5) 空间遮阳：在建筑组合空间中，为人们提供一块遮阳纳凉的活动空间的遮阳措施。常见的有各种凉亭（或廊）、织物遮阳伞等。

3. 按遮阳产品安置在建筑上的位置分

可分为外遮阳、中置遮阳和内遮阳。目前我国多数建筑主要采用内遮阳，今后应大力发展外遮阳。过去遮阳比较注重装饰性，现在应更关注其对建筑节能、改善室内热环境和视觉舒适环境的影响。

1) 外遮阳。设置在建筑室外的遮阳装置的总称，包括外遮阳软卷帘、外遮阳硬卷帘、遮阳板（翻板）、遮阳窗、遮阳篷等，有大型化、全覆盖化趋势。一般来说，建筑外遮阳能起到遮挡太阳直接辐射的作用，可以减少太阳辐射得热量，是节能和热舒适效果突出的遮阳措施。

2) 中间遮阳。设置在门窗或幕墙中间部位、可调节的遮阳产品，如百叶帘、卷帘，能遮挡太阳直射辐射，并能将吸收的热量经过热通道排往室外；还有内置遮阳中空玻璃制品，即在密封的中空玻璃层内设置遮阳帘或百叶帘，可从中空玻璃外部调节帘或百叶的运动。

3) 内遮阳。安设在建筑室内，安设和使用均较简单，已十分普及，当前用量最大。内遮阳虽然对太阳辐射来的热量有一定的反射作用，但仍然有大量太阳辐射的热量传进建筑室内，增加了室内热量负荷。但由于内遮阳安装、使用和维修方便，且不受建筑外立面效果以及抗风要求的限制，得到了广泛应用。如常见的各类室内窗帘、百叶帘、天篷帘等。

4. 按遮阳产品的操作方式分

按照遮阳设施的操作方式可分为手动和电动两种。

活动式遮阳产品可以根据太阳入射的角度及建筑使用需求灵活调节，能够较好地遮挡阳光、控制眩光和散射辐射，特别对于遮挡低角度的直射、散射和反射光线非常有效。活动遮阳根据不同需要可卷起、可折叠、可收放，或有可转动角度的水平百页与垂直百页；有伸缩自如的，有可翻转至任何角度、可停留在任何位置的，收起时可完全进入窗帘盒内，占用空间小。在公共建筑中还常用活动遮阳板、百叶帘等外遮阳系统，可按需要调整遮阳板和叶片的翻转角度，甚至实现阳光追踪，达到遮阳和采光的最佳需求。

1) 手动活动遮阳以人力手（拉、推、摇）动等的方式，通过拉绳（带）、拉珠、摇柄等机构进行操作。

2) 电动活动遮阳以电机产生的动力取代人工手动，促使遮阳产品向大型化发展，且可实现自动化控制乃至智能化控制。其操纵控制方式有多种，如有线控制、无线遥控、单独控制、区域控制、总体控制；可以根据人们生活、工作的最佳舒适要求，根据环境因素如风、光、雨、温度、湿度、视觉、时间等实现智能控制，且纳入智能化楼宇的管理系统。

5. 按遮阳产品的主体遮阳材料分

可分为金属、织物、木材、塑料、玻璃、太阳能光电板等，用这些材料做成帘、带、板、条或骨架，组装为不同的遮阳产品。

1) 玻璃类：通过镀膜、着色、印花或贴膜等方式降低玻璃的遮阳系数，从而降低进入室内的太阳辐射热量。但会影响玻璃的透光率，因此不适用于冬季采光采暖要求高的地区。

2) 织物类：常见的有玻璃纤维、聚酯纤维面料。根据不同的遮阳效果，选择不同的遮阳织物面料。由于织物面料色彩丰富，且质地柔软，易于根据需要任意裁剪、拼接，因此能丰富建筑的立面效果。

3) 金属类：常以铝合金、不锈钢、表面喷塑或氟碳喷涂处理后等金属制成的百叶帘、遮阳板、格栅等遮阳产品。铝合金遮阳产品因具有好的耐候性、防潮、抗紫外线、耐腐蚀、抗高温等特性，且可塑性强，被广泛用于公共建筑外遮阳。

4) 木质：用木材做成各种遮阳设施。加工容易，为自古至今常用的遮阳材料。但其使用寿命和耐腐蚀等方面不及铝合金材料制品。公共建筑、居住建筑均可使用。

5) 塑料类：用塑料制成的各类遮阳设施。但其耐老化性不及其他材料，故应用受到了限制。

6) 太阳能光电板：在遮挡阳光的同时把白天的太阳能转换成电能。宜安装在建筑物的顶面和南向、能接受到太阳直射光多的部位。

2.2 建筑遮阳材料

遮阳材料包括金属、织物、塑料、玻璃和木材等。根据具体材料及其在遮阳产品中作用的不同，对其颜色、外观、断裂伸长率/撕破性能、气候耐久性、耐腐蚀性、尺寸稳定性等性能，按照必选和可选项目分别作出规定。

金属材料外观应整洁、色泽均匀、表面平整；在人体可触及范围高度内的可动部件或永久固定件，其边角应倒钝，以免伤人。

《建筑遮阳技术要求》等标准对不同材料提出了相应的规定，不同材料的性能要求应符合表2-3规定。

不同材料的性能要求　　　　表2-3

要求		颜色	外观	耐久性	耐腐蚀性	尺寸稳定性
材料	金属	○	○		●	
	织物	●	○	●		●
	塑料	●	●	●		●
	木材	○	●			●

注：●为必选项目，○为可选项目。

一、金属材料

金属材料外观应整洁、色泽均匀、表面平整；在人体可触及范围高度内的可动部件或永久固定件，其边角应倒钝，以免伤人。标准明确了其外观涂层的质量要求；还对遮阳产品采用的不同金属材料受力件和非受力件最小壁厚作出规定，以保证其强度和刚度满足需要。除不锈钢外的钢铁材料杆件均应按照相关规定进行防腐处理。金属材料的耐腐等级（中性盐雾试验）按照环境条件和产品用途应符合标准的规定。金属材料表面涂层厚度、涂层耐久性能及其表面处理应符合标准的规定。

1. 基材

产品受力构件应经计算确定，用于外遮阳的铝合金构件，最小壁厚不得小于2.0mm，用于外遮阳的钢构件，最小壁厚不得小于1.4mm。

遮阳产品所用铝材的化学成分和力学性能应符合《变形铝及铝合金化学成分》GB/T3190和《一般工业用铝及铝合金板、带材》GB/T3880的规定。所用钢材的化学成分和力学性能应符合《彩色涂层钢板及钢带》GB/T12754的要求；其他材料（如铜）应符合相关的国家标准的规定。

2. 耐腐蚀性能

金属材料的耐腐等级应按照环境条件和产品用途符合表2-4的规定。

耐腐蚀等级   表2-4

等级		1	2	3	4
使用场合	室内用	24h	48h	—	—
	室外用	—	48h	96h	240h

铝及铝合金基材和钢基材厚度偏差（不包括涂层厚度，钢基材包括镀层厚度）应分别符合《铝及铝合金板、带材的尺寸允许偏差》GB/T 3194和《彩色涂层钢板及钢带》GB/T 12754的规定。

3. 外观质量要求

外观应整洁，色泽均匀一致，无明显擦伤和毛刺；表面平整，不得有明显压痕、印痕和凹凸等痕迹；不应有金属屑、毛刺、污渍；连接处不应有外溢的胶粘剂；目视无明显色差，仲裁时可用仪器测量。

其他外观质量要求见表2-5。

其他外观质量要求   表2-5

涂层种类	外观质量要求
辊涂	涂层不得有露底及明显流挂、气泡、橘皮等缺陷；涂层不得有漏涂或穿透涂层厚度的损伤
喷涂	
覆膜	无针孔、鱼眼、鼓泡、折痕、杂质印、气泡、毛刺、水纹、分层、剥离、面膜皱褶和面膜划伤等，花纹无差异
阳极氧化、着色	不允许有电灼伤、氧化膜脱落等影响使用的缺陷

金属的耐腐蚀要求及分级应按照《铝合金建筑用型材 阳极氧化、着色型材》GB5237.2、《铝合金建筑用型材 电泳涂漆型材》GB5237.3、《铝合金建筑用型材 粉末喷涂型材》GB5237.4以及《铝合金建筑用型材 氟碳喷涂型材》GB5237.5的要求进行表面处理。

4. 涂层耐久性要求

涂层耐久性要求见表2-6。

涂层耐久性要求		表 2-6
耐盐雾性	阳极氧化、着色（铜加速乙酸盐雾试验）	≥9 级
	其他涂层（中性盐雾试验）	不低于 1 级
耐人工候老化性	色差	不大于 3
	粉化	不低于 0 级
	其他老化性能	不低于 0 级
耐湿热性		不低于 1 级

5. 铝材的表面处理应符合表 2-7 的规定

铝材表面处理				表 2-7
类型	阳极氧化、着色	电泳涂漆	粉末喷涂	氟碳漆喷涂
厚度	AA15（户外用） AA10（户内用）	B 级	40～120μm	≥30μm

钢铁材料构件（除不锈钢外）均应进行防锈处理。按《金属覆盖层 钢铁上的锌电镀层 (eqv ISO 2081：1986)》GB/T 9799 的规定进行镀锌处理时，镀层厚度应大于 12μm。

二、织物材料

织物表面不得有破损、污垢、色差、明显折痕、破条、不可清除的污垢、明显色差、毛边、荷叶边，条纹布料的条纹应对齐，拼接处不得发生裂缝、跳缝、脱线，其色牢度与耐气候色牢度应符合本标准的规定，其断裂强力、撕破强力按规定方法检测后应符合本标准的规定，而织物的断裂伸长率、可见光透射率、防紫外线性能和遮阳系数按规定方法检测后分为不同等级，可按不同需要选用。室内遮阳织物的阻燃性应符合有关规定。户内遮阳产品所用的材料，其有害物质限量应符合有关规定；在外部环境条件的作用下，遮阳产品所用的织物应不利于微生物的生长。

1. 光照色牢度与耐气候色牢度

室内遮阳按《纺织品 色牢度试验 耐人造光色牢度：氙弧》GB/T 8427 规定色牢度等级不低于 4 级。光照色牢度等级见表 2-8。

光照色牢度等级				表 2-8
	等级			
光照色牢度	弱	中	好	极好
	4~5 级	6 级	7 级	8 级

室外遮阳按《纺织品 色牢度试验 耐人造气候色牢度：氙弧》GB/T 8430 标准规定色牢度等级不低于 4 级。耐气候色牢度等级见表 2-9。

耐气候色牢度等级				表 2-9
	等级			
耐气候色牢度	弱	中	好	极好
	4~5 级	6 级	7 级	8 级

2．断裂强力

按照《纺织品织物拉伸性能 第1部分：断裂强力和断裂伸长率的测定 条样法》GB/T 3923.1的要求，50mm宽带条的最小断裂强力应为：经向800N，纬向500N。较初始状态抗拉力的减少不得超过20%。

3．撕破强力

按照《纺织品织物撕破性能 第1部分：撕破强力的测定 冲击摆锤法》GB/T 3917.1的要求，最小撕破强力应为：室外用：经向20N，纬向20N。

4．断裂伸长率

按照《纺织品织物拉伸性能 第1部分：断裂强力和断裂伸长率的测定 条样法》GB/T 3923.1（5cm宽带条），断裂伸长率等级见表2-10。

断裂伸长率等级　　　　　　　　　　　　　　　　　　　　　表2-10

伸长率 a	等级			
	弱	中	好	极好
	30% ≥ a > 20%	20% ≥ a > 10%	10% ≥ a > 5%	5% ≥ a

5．透光性

可见光线穿透织物的透射比按表2-11的等级规定划分。

透光等级　　　　　　　　　　　　　　　　　　　　　　　　表2-11

透光系数	透光等级				
	不透光	弱透光	适度透光	较强透光	强透光
T_v (%)	0	1~7	8~15	16~24	≥25-

6．防紫外线性

紫外线透过织物的比率按 T_{uv} 分级，遮挡紫外线性能等级指标见表2-12。

防紫外线等级　　　　　　　　　　　　　　　　　　　　　　表2-12

紫外线透光系数	弱	中	好	极好
T_{uv} (%)	≥9	5~8	1~4	0

7．遮阳性能

织物的遮阳性能以遮阳系数 SD 表示，遮阳性能等级见表2-13。

遮阳性能等级　　　　　　　　　　　　　　　　　　　　　　表2-13

遮阳系数	弱	中	好	极好
SD	≥0.51	0.41~0.50	0.21~0.40	0~0.20

8．阻燃性

室内遮阳织物的阻燃性应符合《建筑内部装修设计防火规范》GB 50222附录A装修材

料燃烧性能等级划分的规定。

三、塑料

硬质塑料表面应光洁、不得有毛刺及锐角、不得有明显色差、皱皮、开裂现象。其他应符合《工程塑料　模塑塑料件尺寸公差》GB/T 14486 的规定。

四、木材

对遮阳用天然木材叶片上的直条纹理以及活节在标准中均规定有限制条件。木材和集成材的含水率、漆膜附着力和木材中甲醛释放量应符合有关规定。木材的防腐性能应符合有关规定；不能防止真菌侵蚀并在潮湿环境中使用的木材应用杀菌剂进行处理。

1．一般要求

天然木材叶片上的直条纹理应至少达到叶片长度的 3/4。对硬节有一定条件限制。

2．物理性能

1）百叶交付时含水率应在 12%~18% 之间；
2）当环境湿度变化 1% 时，与纹理垂直的方向的线性收缩不得超过 0.3%。

3．连接与装配

1）应保证潮湿木材与胶料能紧密结合；
2）装配处应无水分留存。

4．木材的处理

1）不能防止蠹虫侵蚀的木材应采用有效的杀虫剂进行处理；
2）不能防止真菌侵蚀并在潮湿环境中（与高蓄水材料即砖石或混凝土接触）使用的木材要用有效的杀菌剂进行处理；
3）含树脂并需要保持光洁表面的木材部件应进行防霉裂变处理。

5．尺寸偏差

在温度 23±5℃ 的条件下，尺寸允许偏差应符合表 2-14~ 表 2-16 的规定。

内遮阳帘尺寸允许偏差　　　　表 2-14

规格尺寸（m）		允许偏差（mm）
宽度 L	$L \leqslant 2$	±2
	$2 < L \leqslant 4$	±4
	$L > 4$	±6
高度 H	$H \leqslant 2$	±5
	$H > 2$	±8

垂直外卷帘尺寸允许偏差　　　　表 2-15

规格尺寸（m）		允许偏差（mm）
宽度 L	$L \leqslant 2$	+0，-3
	$2 < L \leqslant 4$	+0，-4
	$L > 4$	+0，-5
高度 H	$H \leqslant 1.5$	±2
	$1.5 < H \leqslant 2.5$	±3
	$H > 2.5$	±4

水平外卷帘尺寸允许偏差　　　　　　　　表 2—16

规格尺寸（m）		允许偏差（mm）
宽度 L	$L \leqslant 6$	−10
	$6 < L \leqslant 12$	+0，−20
	$12 < L \leqslant 18$	+0，−30
斜坡投影 H	$A//H$	±40

2.3 建筑遮阳产品性能要求

包括抗风性能、抗雪荷载性能、耐积水荷载性能、操作力性能、误操作、锁定装置的阻力、机械耐久性能、霜冻条件下操作、抗冲击性能及电动装置。

一、抗风性能

由于中国东南沿海多台风，台风强度很大。加之我国一些遮阳设施将用于高层建筑，高层建筑上部风力更大。为了保证遮阳设施的安全，对于户外遮阳篷、外遮阳帘和百叶的抗风性能等级规定的测试荷载比欧盟标准有较大提高。

各类户外遮阳产品应具备足够的抗风性能，即在额定荷载的作用下，遮阳产品应能正常使用，并不致产生塑性变形或损坏；而在安全荷载的作用下，遮阳产品不致从导轨中脱出而产生危险。户外遮阳帘和遮阳篷、遮阳百叶窗（卷帘窗）、遮阳板、遮阳格栅按额定荷载和安全荷载确定不同抗风压等级。

在测试风压 P 作用下，遮阳设施应满足以下要求：

1. 在额定风压的作用下，遮阳设施应能正常使用，并不会产生塑性变形或损坏；
2. 在安全风压的作用下，遮阳设施不会从导轨中脱出而产生安全危险。

户外遮阳篷、遮阳帘按额定测试风压 P 和安全测试风压 $1.2P$ 确定抗风压等级，抗风压等级分为 1~5 级，见表 2—17。在测试报告中应注明具体荷载值。

户外遮阳篷、外遮阳帘抗风性能等级　　　　　　　　表 2—17

抗风性能等级		1	2	3	4	5
测试压力	额定测试压力 P（N/m²）	50	100	200	400	>400
	安全测试压力 $1.2P$（N/m²）	60	120	240	480	>480

外百叶窗按额定测试风压 P 和安全测试风压 $1.5P$ 确定抗风压等级，抗风压等级分为 1~6 级，见表 2—18。

外百叶窗、百叶帘抗风性能等级　　　　　　　　表 2—18

等级		1	2	3	4	5	6
测试压力	额定测试压力 P（N/m²）	50	100	200	400	800	1200
	安全测试压力 $1.5P$（N/m²）	75	150	300	600	1200	1800

二、耐雪荷载性能

户外遮阳产品按额定荷载和安全荷载确定耐雪荷载性能，耐雪荷载性能分为不同等级。

在严寒地区和寒冷地区使用的,与水平面夹角小于 50°的户外遮阳产品应进行雪荷载检测。

百叶帘抵抗雪荷载的形式,包括依靠百叶帘本身的强度与刚度抵抗雪荷载,以及在制造商规定的距离以内,百叶帘局部接触玻璃窗从而与玻璃窗共同起作用来抵抗雪荷载。

严寒地区和寒冷地区,使用的水平夹角小于 60°的外遮阳设施应进行雪荷载检测。其抗雪荷载要求应按当地降雪情况,确定名义雪压,由供需双方共同确定。

三、耐积水荷载性能

对耐积水荷载性能的要求,适用于建筑用各种完全伸展的外遮阳篷,在积水重力的作用下,应能承受相应荷载的作用。对于坡度小于或等于 25%的遮阳篷在其完全伸展状态下,承受最大积水所产生的荷载时应不发生面料破损和破裂。在积水荷载释放、篷布干燥后,手动遮阳篷的操作力应能保持在原等级范围内。当遮阳篷坡度小于 25%或小于制造商的推荐值时,遇下雨时曲臂遮阳篷应予收回,并应在使用说明书中说明。

遮阳篷的耐积水荷载性能按遮阳篷每平方米面积每小时积水的升数分级。

1. 适用于建筑用各种外遮阳篷。

遮阳篷完全伸展时,在雨水积水重力的作用下,应能承受相应荷载的作用。

2. 对于坡度≤25%的遮阳篷、在其完全伸展状态下,承受最大积水所产生的荷载时应不发生面料破损和破裂,并保持排水性能良好。

3. 在积水荷载释放、篷布干燥后,手动遮阳篷的操作力应能保持在原等级范围内。

4. 当遮阳篷斜度小于 25%或小于制造商的推荐值,下雨时折臂遮阳篷应收回,并在使用说明书中应予说明。

5. 遮阳篷的耐积水荷载性能分为 1、2 两级,见表 2-19。

遮阳篷的耐积水荷载性能等级 表 2-19

等级	1	2
水流量 L/(m²·h)	17	56

四、操作力性能

文中所指的操作力为手动遮阳产品的操作力,其力值应按照有关标准规定的试验方法测试。对于电动遮阳产品应符合有关标准的规定,对其操作力性能要求不作规定。

操作力应能满足伸展或收回以及开启或关闭遮阳产品的要求。操作力的最大值按曲柄、绞盘、拉绳、棒(垂直面、水平或斜面)等操作方式的不同,分为两个等级。

关于曲臂遮阳篷的操作力:由于曲臂遮阳篷的特殊情况,其操作力 FC 用两个值来表示。这是因为,曲臂遮阳篷在完全伸展状态下,使解锁的遮阳篷收回转动卷管第一圈时所需操作力峰值要大得多,其峰值的最大值用 FCP 表示;而曲臂遮阳篷在伸展和收回时转动卷管第一圈以后的过程中,操作遮阳篷所需操作力较小,其最大值用 FCN 表示。本书将曲臂遮阳篷操作力最大值分为四个等级。

操作装置分为曲柄操作与拉绳操作两类。为了曲柄与绞盘的齿轮摇柄的安全性和适用性,对曲柄臂半径和齿轮减速比作出了规定;为了拉绳的安全性和适用性,规定操作装置应满足操作力与拉绳组合直径或拉带宽度的匹配要求,同时又对由若干根单股不同直径的拉绳缠绕后的组合直径作出了规定。

五、误操作

遮阳产品在使用过程中,误操作在所难免。当误操作的操作力为操作力最大值的1.5倍时,产品应不致损坏。发生误操作后,遮阳产品面料及接缝应无破损、接缝无撕裂,产品外观和导轨无永久性损伤;操作装置应无功能性障碍或损坏;同时,手动遮阳产品的操作力数值应维持在试验前初始操作力的等级范围内。

六、机械耐久性能

内外遮阳产品机械耐久性能等级按能承受伸展和收回、开启和关闭反复循环操作试验次数确定。

在对遮阳产品进行反复操作试验达到规定次数后,手动操作的遮阳产品的面料及接缝应无破损、接缝无撕裂,产品外观和导轨无永久性损伤;对于带罩盒的曲臂遮阳篷,应保证罩盒正常关闭;百叶板、片不致因磨损导致穿孔;操作装置应无功能性障碍或损坏;操作力数值应该维持在试验前初始操作力的等级范围内。

电动操作遮阳产品速度的变化率 U 应小于或等于20%,速度的变化率为在5次反复操作试验后遮阳产品一个伸展收回过程所用的时间,与全部反复操作试验结束后遮阳产品一个伸展收回过程所用的时间的变化率。

电动操作遮阳产品在电机转动后极限位置会产生一定的偏差。其允许偏差要求为:电机转动两圈后停止,测量完全伸展、收回极限位置与初始值的偏差,按管状电机管状驱动装置以及方形电机驱动装置的不同,其允许偏差的角度应符合有关标准的规定。

机械制动性能应符合有关标准的规定。施加遮阳产品1.15倍的负荷并维持12h后,其遮阳帘中线位置所处的位移不应大于5mm。与此同时,注油部件不应有渗、漏现象;面料及接缝处应无破损。

七、抗冲击性能

卷帘窗产品经抗冲击性能试验后,不应出现以下情况:外表产生缺口或开裂,凹口的平均直径大于20mm;无法正常操作或操作装置出现功能性障碍或损坏;手动操作遮阳产品的操作力不能保持在初始等级范围内。

第3节 建筑遮阳的设计依据

建筑遮阳应根据国家或地方对建筑所在地区的节能设计标准要求,结合气候特征、建筑性质、朝向、设置的部位或高度、使用条件、功能要求、经济技术条件、建筑立面形式等综合因素,选用满足夏季遮阳、冬季日照以及通风、采光等要求的建筑遮阳措施。

3.1 遮阳设计的依据

做遮阳设计时,要根据建筑气候、窗口朝向和房间的用途三方面来决定采用哪种遮阳形式和种类;同时还要考虑需要遮阳的月份和一天中的时间等因素。

一、地理气候

一个地方的建筑气候,是与它所处的地理位置(地理纬度)密切相关的。我国处在北纬地区。一般地讲,纬度越低,天气越热,纬度越高,天气越冷。地理纬度不同,气候就不同。如果只是为了防止室内过热的话,那么,在中纬度的地区,由于夏天热的时间短,冬天冷的时间长，所以，冬天加强采光，充分利用太阳能是主要的方面；夏天遮阳防热是次要的，除特殊需要外，一般可以不遮阳。但在低纬度的南方地区，夏天热的时间长，冬天冷的时间短或者没有冬天，因此，应加强夏季遮阳，防止建筑过热。

地理纬度不同，太阳在天空的位置也有所不同。太阳的位置一年之中大都偏南。在北回归线以南的地区，太阳的位置一年之中较长时间偏南，较短时间偏北，所以，该地区的建筑，在夏至前后的月份里，必要时也在北向窗口设遮阳设施。另外，在夏天，纬度越低的地区，中午的太阳越靠近"天顶"，即太阳高度角越大。所以，同样尺寸的南向窗口，纬度较低的地区，太阳射进的深度比纬度较高的地区浅。因此，南向窗口的水平遮阳板的挑出长度，低纬度地区就可比高纬度地区的短了。

二、窗口朝向

窗口朝向不同，太阳辐射入的热量也不同，且照射的深度和时间长短也不一样。东、西窗传入的热量比南窗将近大一倍，北窗是最小的。东、西窗的传热量虽然差不多，但东窗传入热量最多的时间是上午7时~9时左右。这时，室外气温还不高，室内积聚的热量也不多，所以影响不显著。西窗就不一样，它传入热量最多的时间是下午3时左右，这时，正是室内外温度都是最高的时候，所以影响比较大，使人们觉得西窗比东窗热得多了。因此，西窗的遮阳比其他朝向的窗口遮阳更为重要。当东、西窗未开窗时，则应加强南向窗的遮阳。

朝向不同的窗口，要求不同形式的遮阳，如果遮阳形式选择不当遮阳效果就大大降低或是造成浪费。

三、房间的用途

用途不同的房间，对遮阳的要求也不同。不允许阳光射进的特殊建筑，如博物馆、书库等，就应当按全年完全遮阳来进行设计；一般的公共建筑物，主要是防止室内过热，不需要全年完全遮阳，而是按一年中气温最高的几个月和这段时间内每天中的某几个小时的遮阳来设计；一般的居住建筑，阳光短时射进来，或照射不深，采用简易活动遮阳设施较佳。

综上所述，窗户遮阳的设计受多方面的影响，要全面来考虑，尽可能做到下面几点：

1. 既要夏天能遮阳，避免室内过热；又要冬天不影响必需的日照，以及保证春秋季的阳光。
2. 晴天既能防止眩光，阴天又不致使室内光线太差。
3. 要减少对通风的影响，最好还能导风入室。最好还能防雨。
4. 构造简单、经济耐用，有条件时与建筑立面设计配合，以取得美观的效果。

3.2 相关标准的对遮阳要求

我国目前相关的建筑标准对遮阳的要求非常高，主要体现在对遮阳系数的限定上。

一、《民用建筑热工设计规范》GB 50176

《民用建筑热工设计规范》GB 50176-93 中的有关规定如下：

1. 第3.3.3条，"建筑物的向阳面，特别是东、西向窗户，应采取有效的遮阳措施。"

2. 第3.3.3条文说明，"……南向和北向（在北回归线以南的地区），宜采用水平式遮阳；东北、北和西北向，宜采用垂直式遮阳；东南和西南向，宜采用综合式遮阳；东、西向，宜采用挡板式遮阳……。"

3. 第3.4.8条，"向阳面，特别是东、西向窗户，应采取热反射玻璃、反射阳光涂膜、各种固定式和活动式遮阳等有效的遮阳措施。"

二、《公共建筑节能设计标准》GB 50189

《公共建筑节能设计标准》GB50189-2005中的有关规定如下：

1. 在第4.2.2条中，对寒冷地区、夏热冬冷及夏热冬暖地区公共建筑围护结构的热工性能提出了具体要求，包括对遮阳系数限值要求，见表2-20和表2-21。

寒冷地区公共建筑的外窗（包括透明幕墙）遮阳系数 SC 限值　　　　表2-20

位置	体形系数≤0.3	0.3＜体形系数≤0.4
单一朝向外窗（包括透明幕墙）	遮阳系数 SC（东、南、西向/北向）	遮阳系数 SC（东、南、西向/北向）
窗墙面积比≤0.2	—	—
0.2＜窗墙面积比≤0.3	—	—
0.3＜窗墙面积比≤0.4	≤0.7/—	≤0.7/—
0.4＜窗墙面积比≤0.5	≤0.6/—	≤0.6/—
0.5＜窗墙面积比≤0.7	≤0.5/—	≤0.5/—
屋顶透明部分	≤0.5	≤0.5

注：本表摘自《公共建筑节能设计标准》GB 50189-2005。

夏热冬冷、夏热冬暖地区公共建筑的外窗（包括透明幕墙）遮阳系数 SC 限值　　　　表2-21

位置	夏热冬冷地区	夏热冬暖地区
单一朝向外窗（包括透明幕墙）	遮阳系数 SC（东、南、西向/北向）	遮阳系数 SC（东、南、西向/北向）
窗墙面积比≤0.2	—	—
0.2＜窗墙面积比≤0.3	≤0.55/—	≤0.50/0.60
0.3＜窗墙面积比≤0.4	≤0.50/0.60	≤0.45/0.55
0.4＜窗墙面积比≤0.5	≤0.45/0.55	≤0.40/0.50
0.5＜窗墙面积比≤0.7	≤0.40/0.50	≤0.35/0.45
屋顶透明部分	≤0.40	≤0.35

2. 第4.2.5条，"夏热冬暖地区、夏热冬冷地区的建筑以及寒冷地区中制冷负荷大的建筑，外窗（包括透明幕墙）宜设置外部遮阳，外部遮阳的遮阳系数按本标准附录A确定。"

三、《严寒和寒冷地区居住建筑节能设计标准》JGJ 26

《严寒和寒冷地区居住建筑节能设计标准》JGJ 26-2010中的有关规定如下：

1. 在4.2.2条中明确提出了寒冷（B）区外窗综合遮阳系数限值要求，见表2-22。

寒冷（B）区外窗综合遮阳系数限值　　　　表2-22

		遮阳系数 SC（东、西向/南、北向）		
		≤3层建筑	(4~8)层建筑	≥9层建筑
外窗	窗墙面积比≤20%	—/—	—/—	—/—
	20%＜窗墙面积比≤30%	—/—	—/—	—/—
	30%＜窗墙面积比≤40%	0.45/—	0.45/—	0.45/—
	40%＜窗墙面积比≤50%	0.35/—	0.35/—	0.35/—

注：本表摘自《严寒和寒冷地区居住建筑节能设计标准》JGJ 26-2010。

2. 第4.2.4条，"寒冷（B）区建筑的南向外窗（包括阳台的透明部分）宜设置水平遮阳或活动遮阳。东、西向的外窗宜设置活动遮阳。外遮阳的遮阳系数应按本标准附录D确定。当设置了展开或关闭后可以全部遮蔽窗户的活动式外遮阳时，应认定满足本标准第4.2.2条对外窗的遮阳系数的要求。"

3. 第4.2.4条文说明，"……在南窗的上部设置水平外遮阳夏季可减少太阳辐射热进入室内，冬季由于太阳高度角比较小，对进入室内的太阳辐射影响不大。有条件最好在南窗设置卷帘式或百叶式的外遮阳。东西窗也需要遮阳，但由于太阳东升西落时其高度角比较低，宜设置展开或关闭后可以全部遮蔽窗户的活动式外遮阳。冬夏两季透过窗户进入室内的太阳辐射对降低建筑能耗和保证室内环境的舒适性所起的作用是截然相反的。活动式外遮阳容易兼顾建筑冬夏两季对阳光的不同需求，所以设置活动式的外遮阳更加合理。窗外侧的卷帘、百叶窗等就属于'展开或关闭后可以全部遮蔽窗户的活动式外遮阳'，虽然造价比一般固定外遮阳（如窗口上部的外挑板等）高，但遮阳效果好，最能兼顾冬夏，应当鼓励使用。"

四、《夏热冬冷地区居住建筑节能设计标准》JGJ 134

《夏热冬冷地区居住建筑节能设计标准》JGJ 134-2010中的有关规定如下：

1. 在4.0.5条中明确提出了夏热冬冷地区不同朝向外窗（包括阳台门的透明部分）综合遮阳系数限值要求，见表2-23。

不同朝向、不同窗墙面积比的外窗综合遮阳系数限值　　表2-23

建筑	窗墙面积比	外窗综合遮阳系数 SCw （东、西向/南向）
体形系数≤0.40	窗墙面积比≤0.20	—/—
	0.20＜窗墙面积比≤0.30	—/—
	0.30＜窗墙面积比≤0.40	夏季≤0.40/夏季≤0.45
	0.40＜窗墙面积比≤0.45	夏季≤0.35/夏季≤0.40
	0.45＜窗墙面积比≤0.60	东、西、南向设置外遮阳夏季≤0.25　冬季≥0.60
体形系数＞0.40	窗墙面积比≤0.20	—/—
	0.20＜窗墙面积比≤0.30	—/—
	0.30＜窗墙面积比≤0.40	夏季≤0.40/夏季≤0.45
	0.40＜窗墙面积比≤0.45	夏季≤0.35/夏季≤0.40
	0.45＜窗墙面积比≤0.60	东、西、南向设置外遮阳夏季≤0.25　冬季≥0.60

注：本表摘自《夏热冬冷地区居住建筑节能设计标准》JGJ 134-2010。

2. 第4.0.7条，"东偏北30°至东偏南60°、西偏北30°至西偏南60°范围内的外窗应设置挡板式遮阳或可以遮住窗户正面的活动外遮阳，南向的外窗宜设水平遮阳或可以遮住窗户正面的活动外遮阳。各朝向的窗户，当设置了可以完全遮住正面的活动外遮阳时，应认定满足本标准表4.0.5-2对外窗遮阳的要求。"

3. 第4.0.7条文说明，"……在夏热冬冷地区居住建筑上应大力提倡使用卷帘、百叶窗之类的外遮阳。"

五、《夏热冬暖地区居住建筑节能设计标准》JGJ 75

《夏热冬暖地区居住建筑节能设计标准》JGJ 75-2010报批稿中的有关规定如下：

1. 第4.0.6条，"居住建筑的天窗不应大于屋顶总面积的4%，传热系数不应大于4.0W/(m²·K)，遮阳系数不应大于0.4。当设计建筑的天窗不符合上述规定时，其空调采暖年耗电指数（或耗电量）不应超过参照建筑的空调采暖年耗电指数（或耗电量）。"

2. 第4.0.8条中明确提出了夏热冬暖地区外窗平均综合遮阳系数限值，见表2-24、表2-25。

北区居住建筑建筑物外窗平均综合遮阳系数 SW 限值　　　　　　　表2-24

外墙	平均窗地面比（或平均窗墙面积比）(%)				
	CM ≤ 25	25 < CM ≤ 30	30 < CM ≤ 35	35 < CM ≤ 40	40 < CM ≤ 45
K ≤ 2.0 D ≥ 2.8	≤ 0.3	≤ 0.2	—	—	—
	≤ 0.5	≤ 0.3	≤ 0.2	—	—
	≤ 0.7	≤ 0.5	≤ 0.4	≤ 0.3	≤ 0.2
	≤ 0.8	≤ 0.6	≤ 0.6	≤ 0.4	≤ 0.4
K ≤ 1.5 D ≥ 2.6	≤ 0.6	≤ 0.3	—	—	—
	≤ 0.8	≤ 0.4	—	—	—
	≤ 0.9	≤ 0.6	≤ 0.3	—	—
	≤ 0.9	≤ 0.7	≤ 0.5	≤ 0.2	—
	≤ 0.9	≤ 0.8	≤ 0.6	≤ 0.4	≤ 0.3
	≤ 0.9	≤ 0.9	≤ 0.7	≤ 0.5	≤ 0.5
	≤ 0.9	≤ 0.9	≤ 0.8	≤ 0.6	≤ 0.6
	≤ 0.9	≤ 0.9	≤ 0.9	≤ 0.7	≤ 0.6
K ≤ 1.0 D ≥ 2.5 或 K ≤ 0.7	≤ 0.9	≤ 0.9	≤ 0.6	≤ 0.2	—
	≤ 0.9	≤ 0.9	≤ 0.7	≤ 0.4	≤ 0.2
	≤ 0.9	≤ 0.9	≤ 0.8	≤ 0.6	≤ 0.4
	≤ 0.9	≤ 0.9	≤ 0.8	≤ 0.7	≤ 0.5
	≤ 0.9	≤ 0.9	≤ 0.9	≤ 0.7	≤ 0.6
	≤ 0.9	≤ 0.9	≤ 0.9	≤ 0.8	≤ 0.7

南区居住建筑建筑物外窗平均综合遮阳系数 SW 限值　　　　　　　表2-25

外墙（$\rho ≤ 0.8$）	平均窗地面比（或平均窗墙面积比）(%)				
	CM ≤ 25	25 < CM ≤ 30	30 < CM ≤ 35	35 < CM ≤ 40	40 < CM ≤ 45
K ≤ 2.0 D ≥ 2.8	≤ 0.6	≤ 0.5	≤ 0.4	≤ 0.3	≤ 0.2
K ≤ 1.5 D ≥ 2.6	≤ 0.8	≤ 0.7	≤ 0.6	≤ 0.5	≤ 0.4
K ≤ 1.0 D ≥ 2.5 或 K ≤ 0.7	≤ 0.9	≤ 0.8	≤ 0.7	≤ 0.6	≤ 0.5

注：1. 上述两表摘自《夏热冬暖地区居住建筑节能设计标准》JGJ 75-2010 报批稿；
2. 本条文所指的外窗包括阳台门。
3. 南区居住建筑的节能设计对外窗的传热系数不作规定。
4. ρ 是外墙外表面的太阳辐射吸收系数。
5. 外窗加权平均综合遮阳系数，是建筑各个朝向平均综合遮阳系数按各朝向窗面积和朝向的权重系数加权平均的数值。

3. 第 4.0.8 条文说明,"……在北区采用窗口建筑活动外遮阳措施比采用固定外遮阳措施要好;在南区采用窗口建筑固定外遮阳措施,对建筑节能是有利的,应积极提倡。"

4. 第 4.0.11 条,"居住建筑的外窗,尤其是东、西朝向的外窗宜采用建筑外遮阳设施。"

随着我国建筑节能工作的不断深入,建筑遮阳逐渐受到重视。我国多个建筑节能设计标准,如《公共建筑节能设计标准》GB 50189-2005、《夏热冬冷地区居住建筑节能设计标准》JGJ 134-2010、《夏热冬暖地区居住建筑节能设计标准》JGJ 75-2010、《民用建筑热工设计规范》GB 50176-93,甚至《严寒和寒冷地区居住建筑节能设计标准》JGJ 26-2010 等标准中,均对遮阳作出了明确规定。

根据我国不同气候分区的特点,南方的遮阳设施应更加便于通风;而北方的应更加注意采取保温措施。公共建筑亦是如此。只要条件允许,应尽量使用节能和热舒适效果更为突出的外遮阳设施。建筑外遮阳的类型比较多,可进行夏季和冬季的阳光阴影分析来选择其具体形式,达到遮阳效果,实现节能要求。

第3章　建筑遮阳产品

　　建筑遮阳产品是随着我国建筑节能的发展和深入诞生的，建筑遮阳产品这几年的快速发展，使人们更加关注这个行业。能够实现建筑遮阳功能的方式有建筑本身的构件遮阳方式，还有一种就是工厂生产、现场安装的遮阳产品，遮阳产品的诞生和发展，将为我国建筑节能事业的发展提供非常重要的手段。

　　在住房和城乡建设部标准定额司的领导下，在遮阳产品发展初期，就通过引进、消化、吸收欧洲标准，根据我国遮阳产品生产的实际情况，制定并发布了六项产品标准，目前还有四项在编。通过对遮阳产品标准的编制，我们认真总结了遮阳产品的种类，将遮阳产品分为：遮阳百叶帘、天篷帘、软卷帘等类别，在本章中进行一一介绍，希望与读者共同分享研究成果。

　　本章将全方位介绍每一类遮阳产品的适用范围、分类和特点、技术性能、设计选用要点、施工安装要求、验货要点及工程验收要点、维护和维修要求、工程案例等。

第1节 遮阳百叶帘

百叶帘是一种使用很广泛的遮阳产品，经常被用于办公场所及普通家居，以其简洁明快而深受欢迎。百叶帘可以有效的阻隔紫外线及阳光直射，有利于整个楼宇的隔热，可降低夏季制冷能耗。由铝材、木材或PVC、织物等材料制作而成的帘片具有自动翻转功能，能够更加精确的调节室内的自然采光程度，根据室内用户的需要来调节光线的取入，实现最好的视觉舒适度。同时，百叶帘还具有保持私密性和利于自然通风等特点。目前，百叶帘通过电动与智能群控，根据工程所在地日照气候条件进行调节，实现隔热与采光的最优化。

1.1 产品描述及适用范围

百叶帘除了像卷帘一样可以伸展或收回外，最大的特征是叶片可以在一定角度内翻转，实现百叶帘的开启和闭合，根据实际需要起到遮阳、私密、调光、视觉和通风等作用。

百叶帘可以用在建筑外遮阳、双层透明围护结构的中间遮阳和建筑内遮阳等不同场合。外遮阳与中间遮阳通常以铝合金材质为主，需要根据当地气象条件和使用层高进行专门的抗风设计。内遮阳在材质选择上则更加多样，除铝合金外还可以选择玻璃、硬质塑料、木质材料或织物材料。本指南主要讲述金属百叶帘，其他材质的百叶帘可参照本指南使用。图3-1～图3-3分别为百叶帘用于外遮阳、中间遮阳和内遮阳的工程案例图片。

图3-1 百叶帘用于外遮阳

图3-2 百叶帘用于中间遮阳

图3-3 百叶帘用于内遮阳

1.2 产品分类、特点、规格

对于建筑用遮阳百叶帘,可以有多种分类方式。按照使用位置,可以分为外遮阳、中间遮阳和内遮阳;按操作方式可以分为手动式和电动式等。鉴于遮阳位置不同百叶帘的结构与技术要求差别较大,本指南主要将其分为外遮阳百叶帘(含中间遮阳)、内遮阳百叶帘及织物百叶,然后再各自进一步分类说明。

一、外遮阳百叶帘

1. 主要特点

外遮阳金属百叶帘通常使用3×××系列或5×××系列的高强度铝合金,叶片厚度不得低于0.22mm,单幅室外百叶帘的最大宽度可达3.6m,最大高度5m,最大面积18m²。驱动一般使用电机,虽有手动系统但应用较少。

外遮阳百叶帘顶部有一套由电机、传动棒、卷绳器等组成的传动机构。电机转动时,通过两端的方轴套带动方轴转动,方轴插在卷绳器中,提升绳(带)通过顶槽上的卷绳孔直接与卷绳器连接,转向绳则通过联绳器在顶槽下方与卷绳器连接,在卷绳器内部构件转到特定位置时转向绳运动,通过转向绳实现百叶叶片的翻转,实现百叶帘的开启和闭合;通过提升绳(带)的运动带动叶片的上升与下降,实现百叶帘的伸展和收合,从而达到遮阳效果。图3-4为外遮阳百叶帘结构示意图。

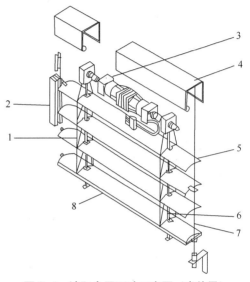

图 3-4 遮阳金属百叶示意图(室外用)
1—转向绳(带);2—导轨;3—电机;4—顶槽;
5—叶片;6—提升绳(带);7—导向钢索;8—底槽

2. 外遮阳金属百叶帘重要配件

外遮阳金属百叶帘重要系统配件见表3-1。

百叶系统配件表　　　　　　　　　　　　　　表3-1

图例	配件相关资料
(51 × 57)	顶槽,镀锌钢+珐琅烤漆 用于容纳驱动/传动系统
(80.0 × 14.0)	底轨I型,阳极氧化铝 通过自身配重实现帘体伸展
(侧轨图)	侧轨,阳极氧化铝 保证叶片两侧在轨内移动,以满足抗风的要求

续表

图例	配件相关资料
	导索，外包塑料不锈钢索 穿过叶片两侧防风孔洞，以满足抗风要求
	户外专用提升绳，特殊聚酯纤维 带动百叶帘体伸展或收回
	户外专用转向绳，特殊聚酯纤维 控制百叶叶片等间距及带动百叶叶片转向

3. 常见规格尺寸

1) 叶片

外遮阳百叶帘铝合金叶片按形状可分为3种：L形卷边叶片，C形平边叶片，C形卷边叶片。其中每种叶片又分打孔、不打孔两类。L形卷边叶片见图3-5；C形平边叶片见图3-6；C形卷边叶片见图3-7。卷边设计大大增加了叶片的抗拉强度及抗弯性能。能够抵挡较强的外力冲击，不会受恶劣天气影响。独特的L形折边设计，叶片间的相互叠加不仅在外观上具有立体感，而且能达到最理想的遮光效果。叶片单侧增加了减震条，起到增加百叶帘的性能，同时也降低了叶片运行时的噪声。

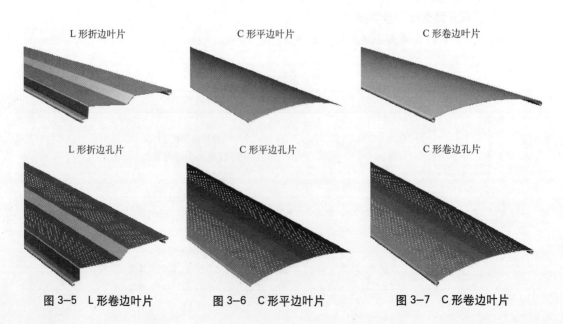

图3-5 L形卷边叶片　　图3-6 C形平边叶片　　图3-7 C形卷边叶片

2）伸展及收回高度尺寸

外遮阳金属百叶帘常见伸展及收回高度尺寸见表3-2。

外遮阳金属百叶帘伸展及收回高度表　　　表3-2

叶片数	百叶帘完全伸展高度（mm）	百叶帘完全收回后高度（mm）		
		C形平片	C形卷片	L形卷片
13	1000	140	150	170
20	1500	170	180	200
34	2500	220	230	250
41	3000	250	260	300
55	4000	310	320	350

4．主要导向形式

外遮阳金属百叶帘主要有导向钢索式和导轨式两种导向形式。

1）导向钢索式

导向钢索采用多股不锈钢包塑钢丝缠绕而成，引导叶片上下运行。这种形式安装方便，适合安装节点较少的窗户墙体。导向钢索只需固定上下两端，穿过叶片上预先冲制的导向孔，即可引导叶片垂直或沿一定角度方向上下升降。整套机构虽较为简练，但抗风能力有限。导向钢索式结构（以80mm电动C型百叶帘机构为例）见图3-8。

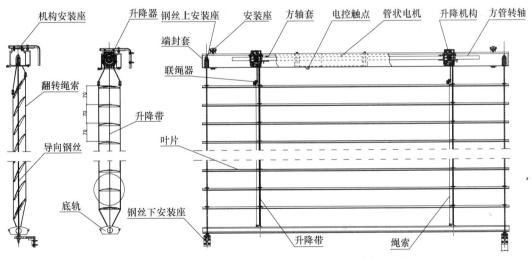

图3-8　导向钢索式结构（80mm电动C形百叶帘机构）

2）导轨式

导轨式采用筒式铝合金轨道，引导叶片上下运行，抗风性能强。轨道内侧嵌入减震条可降低机构运行噪声。轨道表面可采用多种喷涂处理。适合安装在各种建筑幕墙门窗表面。导轨式结构（以80电动L形百叶帘机构为例）见图3-9。与导向钢索式相比，轨道导向抗风能力强，密闭性提高，且更美观，也能适应恶劣的环境。但轨道导向需要通过轨道安装座将

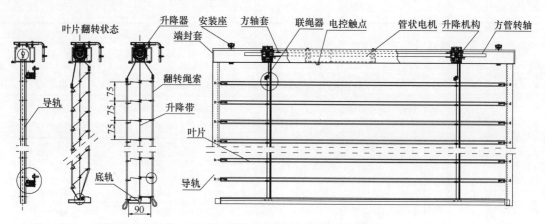

图 3-9 导轨式（80mm 电动 L 形百叶帘机构）

导轨固定在原结构上，与钢丝导向相比，节点较多，安装要求高。

3）导轨类型

常见导轨类型见表 3-3。

常见导轨类型　　　　　　　　表 3-3

Ⅰ型导向轨	Ⅱ型导向轨	Ⅲ型导向轨
Ⅳ型导向轨	Ⅴ型导向轨	

4）导向连接方式

导向连接方式分类见表 3-4。

导向连接方式分类　　　　　　　表 3-4

Ⅰ型连接方式	Ⅱ型连接方式	Ⅲ型连接方式

续表

Ⅳ型连接方式	Ⅴ型连接方式
Ⅵ型连接方式	Ⅶ型连接方式

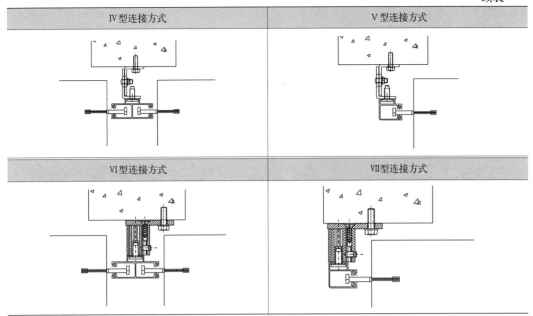

二、内遮阳百叶帘

内遮阳百叶帘广泛应用于玻璃幕墙与窗户的内遮阳。与外遮阳百叶帘相比，内遮阳百叶帘结构较为简单，叶片材质选择也更为多样化，包括玻璃、硬质塑料、木材等。由于没有抗风的要求，无需装配导向钢索或导轨。而且，除了电动操作外，还有大量的手动产品。手动操作方式有拉动和转动。手动百叶的叶片有 15mm、25mm、50mm、60mm 等规格，其结构基本相同。内遮阳百叶帘示意图见图 3-10。

三、织物百叶

织物百叶指叶片由织物等柔性材料制成，具备伸展、收回的同时通过调整其角度可以起到调光的作用。目前主要有垂直帘和香格里拉帘两类，下面分别进行介绍。

1. 垂直帘

垂直帘适宜于办公室遮光，也可作为隔断，把办公室划分为不同工作区域。

垂直帘经受不起风吹。风一吹能将整齐的帘片吹散搅和在一起，不美观也遮光不良。更适宜于在有空调的办公室中使用。垂直帘应用实例见图 3-11。垂直帘有手动和电动两类。

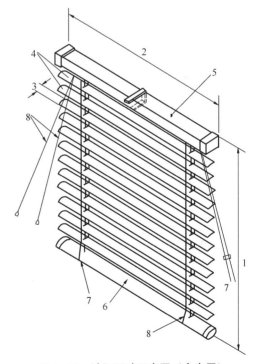

图 3-10 遮阳百叶示意图（室内用）
1—长度（H）；2—宽度（W）；3—叶片宽度（B）；
4—叶片；5—顶槽；6—底槽；
7—提升绳（带）；8—转向绳（带）

图 3-11 垂直帘应用实例图

1）手动垂直帘

手动垂直帘的铝轨有直线式和圆弧式，帘片伸展收合采用珠链和行星变速机构，帘片转向轻便，伸展收合采用直径为 2.5mm 圆形编织绳控制。帘片一般宽度为 100mm，帘片间距为 85mm，吊钩齿轮采用先进的薄形结构，减少叠厚，增加开窗宽 20%，连接吊钩齿轮的连接片采用低摩擦系数的聚甲醛工程塑料。圆弧传动方式将铝轨弯成圆弧形，其他部分和直线传动方式的相同。

2）电动垂直帘

（a）主要特点

电动垂直帘由垂直帘专用交流同步电机与垂帘电动轨道组装而成。借助电机动力即可使帘片左右运动，实现垂帘的收放，也可使帘片转。对尺寸较大的垂帘特别适用，无需长时间的拉绳操作。由于采用电机驱动，也可使用无线电或远红外线遥控。垂直帘铝轨配置电机后宽度加大，要求窗帘箱比一般垂帘放大 10cm 左右。

（b）系统介绍

电动垂直帘的机构和水平翻转的百叶帘类似，但垂直帘有更大的翻转角度，同时更加有粗线条的视觉效果，比较适合在办公场所使用。百叶式结构，页片可 180°旋转，通过电机机械传动方式来实现窗帘的调光及收合称为电动垂帘。既能随意调节室内光线，亦可通风透气，又能达到遮阳目的。电动垂直帘机构图见图 3-12。

图 3-12 电动垂直帘机构图

2. 香格里拉帘

香格里拉帘运用双层中粘夹厚实涤纶布作面料制作的帘,特称香格里拉帘。具有百叶的特色,伸展时是透明的纱,闭合时能较好透光,有高档、庄重、高雅的艺术感。香格里拉帘结构图见图 3-13。

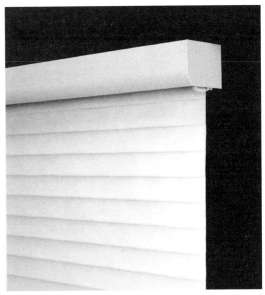

图 3-13 香格里拉帘结构图

香格里拉帘适用于安静、淡雅的休息场所。香格里拉帘应用实例见图 3-14。

图 3-14 香格里拉帘应用实例图

香格里拉帘质地独特、外形美观。在两层轻柔的织物中连接水平面料可使室内保持柔和的光线。翻动叶片可调节光线的强度。窗帘拉起可完全隐藏在窗帘盒中,独特质地的面料,可在长时间内保持色彩的始终如一。遮光性强，结构简易的轨道和支架在安装时更为方便，而且便于清洗。香格里拉帘的传动方式可分为手动和电动两种，手动香格里拉帘的结构同拉珠卷帘，电动香格里拉帘的结构同电动卷帘。

1.3 产品技术性能指标

内外遮阳金属百叶帘的技术性能指标应符合《建筑用遮阳金属百叶帘》JG/T 251—2009的要求，该标准对其原材料、叶片涂层性能、绳索力学及耐老化性能、操作力、抗风性能、机械耐久性及尺寸外观等都作了详细的规定。其他材质的百叶帘的机械性能可参照此标准，织物百叶目前没有产品标准，可参照《建筑遮阳通用要求》JG/T 274—2010 执行。

1.4 设计选用要点

一、根据建筑物层高、窗洞口尺寸、所处地区等综合选择叶片宽度、厚度以及导向形式。

二、外遮阳百叶帘宜选择电动操作方式，内遮阳百叶帘根据单幅百叶帘的尺寸（宽度×高度）确定其操作装置：一般单幅面积≤4m^2，宜选用手动式；单幅面积＞4m^2，宜选用电动式。

三、根据宽度（或高度）的不同，计算确定不同的电机。

四、选择适当的颜色，与建筑结构完美结合。

1.5 施工安装要求

一、执行《建筑遮阳工程技术规范》JGJ 237—2011 第 8 章的要求。

二、找平安装平面，控制上梁顶槽安装的水平误差。

三、确保安装正确，可靠，定位准确。

四、安装电动百叶帘，还需检查接线是否正确；确认无误后，方可接通电源检查电动百叶帘运行情况和限位设置情况。

五、必要时，对以上安装进行调整。

六、安装方式与节点

百叶帘的安装与导向方式、罩壳、连接，框内还是框外，驱动方式等都有关系。以下列举了 7 种常见情形的安装图。钢丝导向框内安装见图 3-15；钢丝导向框外安装见图 3-16；电动 C 形片弧形半罩壳导索框外安装见图 3-17；电动 C 形片无罩壳导索框外安装见图 3-18；电动无罩壳导轨框外安装见图 3-19；手动 C 形

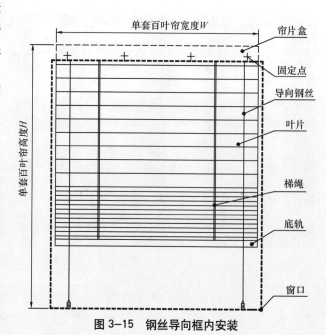

图 3-15 钢丝导向框内安装

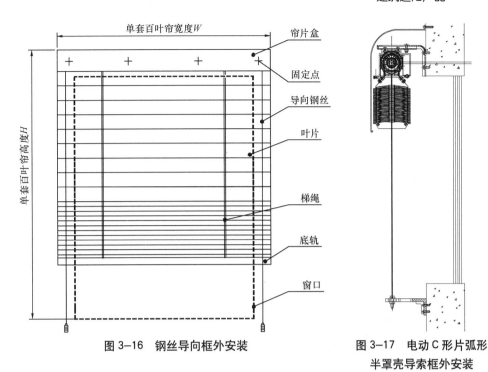

图 3-16 钢丝导向框外安装

图 3-17 电动 C 形片弧形半罩壳导索框外安装

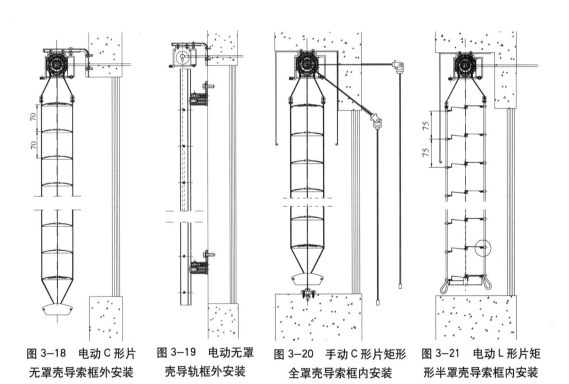

图 3-18 电动 C 形片无罩壳导索框外安装

图 3-19 电动无罩壳导轨框外安装

图 3-20 手动 C 形片矩形全罩壳导索框内安装

图 3-21 电动 L 形片矩形半罩壳导索框内安装

片矩形全罩壳导索框内安装见图 3-20；电动 L 形片矩形半罩壳导索框内安装见图 3-21。

内遮阳铝合金百叶帘的框外安装图见图 3-22；框内安装图见图 3-23。

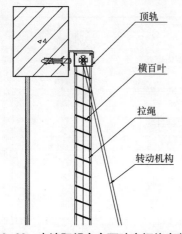 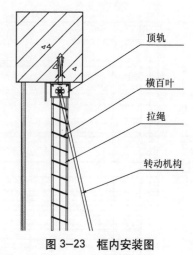

图 3-22　内遮阳铝合金百叶帘框外安装图　　图 3-23　框内安装图

1.6　验货要点及工程验收要点

一、验货要点

1. 外观：主要检查外包装有无破损；若有破损，则进一步检查产品（包括叶片、铝合金型材、配件、控制元器件或配电箱等）的外观缺陷；

2. 数量：根据发货单核对、清点。

二、工程验收要点

1. 执行《建筑遮阳工程技术规范》JGJ 237—2011 第 9 章的要求；

2. 检查遮阳百叶帘随帘文件：质量证明、检验报告、使用维修说明书等文件和资料是否齐全；

3. 按工程项目合同相关条款验收百叶帘的品种、数量；

4. 检查百叶帘是否按要求安装，节点是否安全可靠；

5. 对于超高或大型电动百叶帘的隐蔽作业项的检查：A、与建筑结构的连接（如焊接、铆接、螺栓连接等）质量；B、线路排放和线路桥架的固定；C、配电箱内接线规范；

6. 检查百叶帘运行时的动作、噪声等，是否有异常；电动百叶帘检查其控制和响应；

7. 备品、配件品种和数量是否齐全。

1.7　维护、维修要求

一、执行《建筑遮阳工程技术规范》JGJ 237—2011 第 10 章的要求。

二、手动产品无法运行或定位，可参看使用说明书进行故障排除。

三、电动百叶帘如有任何异常，应通知承包商的售后服务人员进行维修服务。

四、工程项目资料，巡检、维修记录即时存档。

1.8　工程案例

内遮阳百叶帘的应用更大程度上属于室内装饰装修范畴，本节主要列举外遮阳百叶帘工程案例。

深圳建科院在南京外科金色家园小区进行了对比试验,基准户型起居室采用百叶遮阳和 Low-E 中空玻璃窗,与对比户型不采用百叶遮阳、采用普通玻璃窗相比,可使基准户型起居室空调耗电全天节约 4.7kWh。起居室建筑面积为 33.75m^2,因此基准户型起居室单位建筑面积全天节约空调用电为 0.142kWh(图 3-24)。

图 3-24 南京外科金色家园

张江创新之家外遮阳面积达 6600m^2,是目前国内对原有建筑进行绿色节能改造中使用外遮阳数量最大的工程。工程中使用了三类遮阳产品:户外铝合金百叶帘,双层呼吸式幕墙内置铝合金百叶帘及户外铝合金天顶遮阳系统。该项目实现了全方位的智能自控功能如:自动感应户外光照强度并控制户外铝合金百叶帘升降、自动感应户外风力大小并控制户外铝合金百叶帘升降等。系统还提供节能模式、舒适模式、假日模式等多种自动控制模式,使办公楼宇获得节能同时,又满足用户的舒适需要,同时对建筑外立面实行美观管理。张江创新之家总体建筑节能达 65% 以上,并已向住房和城乡建设部申报"绿色节能建筑示范工程"(图 3-25)。

图 3-25 张江创新之家

中青旅项目为北京呼吸式幕墙应用的典范。大厦双层幕墙之间安装了电动铝百叶，并应用了动态幕墙控制系统，对大楼分10区控制，根据光照感应自动控制帘片的翻转，并可以根据个人需要手动控制调节。本地控制可以根据用户需要手动调节，整幢大楼可以实现智能总控并与空调，消防等系统联动（图3-26）。

图3-26 中青旅大厦

第2节 建筑遮阳篷

建筑遮阳篷是一种适用于低层或多层建筑外立面窗洞之上的遮阳产品。通过开启和收合，控制阳光和热量通过窗户进入室内，改变室内热环境，降低空调能耗，同时不影响室内通风的一种经济有效的建筑遮阳措施。

2.1 产品描述及适用范围

一、产品描述

遮阳篷是目前市场上使用较为普及的一种建筑外立面遮阳产品（装置）。其遮阳主体材料为软性的织物面料，采用卷取方式使软性材质的篷布卷覆在金属卷管上。遮阳篷整体安装在建筑物低层门窗洞口上方的外立面上，利用专门的手动机构或电机带动卷管旋转，实现篷布在与水平面夹角为0°~15°范围内向下倾斜的方向上伸展、收回的运动，以改变遮阳面积的大小。

遮阳篷一般选用遮阳系数为0.3~1.0的帆布厚织物面料作为遮阳主体材料。

曲臂遮阳篷：通过曲臂连杆带动引布杆运动以完成伸展或收回动作的遮阳篷。

二、适用范围

遮阳篷适用于安装在建筑物低层外立面的窗口、门洞口上方，起遮阳或遮挡一定量雨水的作用。

建筑物的低层、窗洞口宽度大等场合优先选用平推式曲臂遮阳篷（图3-27）。

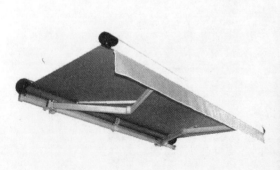 

图3-27 平推式曲臂遮阳篷

小高层的窗洞口及伸展空间狭小的场合宜选用摆转式曲臂遮阳篷（图 3-28）或斜伸式曲臂遮阳篷（图 3-29）。

图 3-28　摆转式曲臂遮阳篷

图 3-29　斜伸式曲臂遮阳篷

2.2　产品分类、特点、规格

一、平推式曲臂遮阳篷（图 3-30）

平推式曲臂遮阳篷的卷管内安置有管状电机，电机的正反转实现篷布的收放；曲臂的连接处内置有强力盘形弹簧（预先被适量压缩）。遮阳篷收回时，盘簧被强制进一步被压缩（储能），始终保持相对于墙面向外的张力；遮阳篷伸展时，盘簧储能慢慢释放，推动引布杆向外平移，带动篷布伸展；预先被压缩的盘簧的张力，保证了遮阳篷完全伸展时篷布的平挺。

篷布在系统伸展时有一倾角，能适当遮住阳光直射。其特点是：

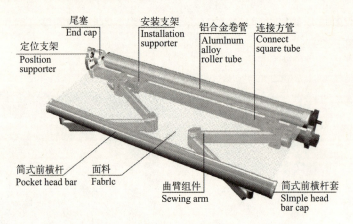

简式曲臂遮阳篷结构示意图

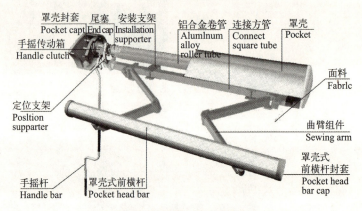

罩壳式曲臂遮阳篷结构示意图

图 3-30 曲臂遮阳篷示意图

a）系统内部有设定的张力，对面料有抗拉要求，伸展部分的面料平挺；
b）面料卷覆于卷管上，遮阳篷收回后便于隐藏；
c）篷布应能防水，遮阳篷应有防风功能；
d）可实现有线控制、无线控制和自动化智能控制。

二、摆转式曲臂遮阳篷（图 3-31）

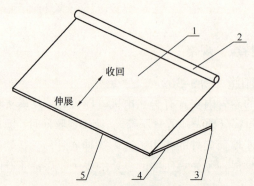

图 3-31 摆转式曲臂遮阳篷示意图

1—帘布；2—卷管；3—铰链基座；4—曲臂；5—引布杆

摆转式曲臂遮阳篷的卷管内安置有管状电机，电机的正反转实现篷布的收放；曲臂与墙体固定连接处内置有强力盘形弹簧（预先被适量压缩）。遮阳篷收回时，盘簧被强制进一步被压缩（储能），始终保持相对于墙面向外的张力；遮阳篷伸展时，盘簧储能慢慢释放，推动引布杆向外平移，带动篷布伸展；预先被压缩的盘簧的张力，保证了遮阳篷完全伸展时篷布的平挺。

篷布在系统伸展时有一倾角，既可使室内采光，又能适当遮住阳光直射，一举两得；同时增加了立面造型美感。其特点是：

a）系统内部有设定的张力，对面料有抗拉要求，伸展部分的面料平挺；

b）面料卷覆于卷管上，遮阳篷收回后便于隐藏；但受曲臂长度限制，遮阳篷完全收回时，窗玻璃上部的篷布始终不会全部卷覆到卷管上——其效果是半遮半掩。

c）篷布应能防水，遮阳篷应有防风功能。

三、斜伸式曲臂遮阳篷（图3-32）

斜伸式曲臂遮阳篷的卷管内安置有管状电机，电机的正反转实现篷布的收放；曲臂与墙体固定连接的限位座内置有强力盘形弹簧（预先被适量压缩）。遮阳篷收回时，盘簧被强制进一步被压缩（储能），始终保持相对于墙面向外的张力；遮阳篷伸展时，盘簧储能缓慢释放，推动引布杆向外平移，带动篷布伸展；预先被压缩的盘簧的张力，保证了遮阳篷完全伸展时篷布的平挺。

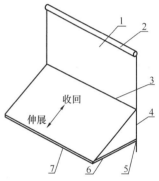

图3-32 斜伸式曲臂遮阳篷示意图

1—帘布；2—卷管；3—导向杆；4—导轨；5—限位座；6—曲臂；7—引布杆

篷布在系统伸展时有一倾角，既能适当遮住阳光直射，又可以使室内能隔着玻璃清楚地观察室外景观，同时增加了立面造型美感。导向杆的上下位置可以调整，便于向外观察。其特点是：

a）系统内部有设定的张力，对面料有抗拉要求，伸展部分的面料平挺；

b）面料卷覆于卷管上，遮阳篷收回后便于隐藏；遮阳篷收回时连带中间导向杆一起收起，直至面料完全卷覆到卷管上，其效果则是没有任何遮挡；

c）篷布应能防水，遮阳篷应有防风功能；

d）可实现有线控制、无线控制和自动化智能控制。

四、折叠遮阳篷（图3-33）

折叠遮阳篷：俗称"荷兰篷"，是1950~1980年在国内东部沿海大城市如大连、天津、青岛、上海等建筑物的低层窗门洞口应用较多的一种遮阳篷（图3-33），有固定和活动式两种。折叠遮阳篷除遮阳隔热功能外，还可起到雨篷的作用。

折叠遮阳篷，其结构示意图见图3-34。对于活动式折叠篷，当用手推动支架3时，可以铰链4为中心转动，实现折叠篷的伸展与收

图3-33 折叠遮阳篷的应用

回。收回后帘布呈折叠状。因其造型单一,操作不便,目前已近淘汰,逐渐被以上几种遮阳篷所取代。

2.3 产品技术性能指标

执行《建筑用曲臂遮阳篷》JG/T 253—2009 标准

一、外观:反映了天篷帘的质量,生产商的管理水平。

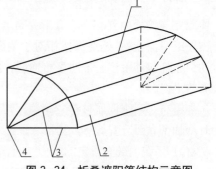

图 3-34 折叠遮阳篷结构示意图
1—引布杆;2—帘布;3—支架;4—铰链

二、尺寸:指遮阳篷的轮廓尺寸,也就是工程结算尺寸。帘布尺寸一般略小于轮廓尺寸,其误差应符合标准规定。

三、操作性能:遮阳篷运行过程中连续;平幅;跑偏;限位为最主要的几个特性。

四、操作力:反映遮阳篷运行过程中的灵活轻巧度,通常根据操作力大小分为 4 级。

五、耐积水荷载性能:遮阳篷适用于户外遮阳,耐积水荷载性能反映遮阳篷承受积水的能力。

六、抗风性能:遮阳篷适用于户外遮阳,抗风性能是一项安全指标。

七、机械耐久性:直接反映遮阳篷的使用寿命,机械耐久性分 3 级,按不同的需要选择不同的等级。

八、防水性能:遮阳篷适用于户外遮阳,是反映遮阳篷面料防水的性能。

九、耐气候色牢度:反映遮阳篷面料的抗紫外线及耐气候色牢度的性能。

2.4 设计选用要点

一、建筑物的底层、窗洞口宽度大等场合优先选用平推式曲臂遮阳篷;小高层或窗洞口宽度较小及伸展空间狭小的场合应选用摆转式或斜伸式曲臂遮阳篷。

二、遮阳篷应保持面料清洁和外观美丽;往往配置罩壳、半罩壳隐蔽安装。

三、遮阳篷的实际宽度应比窗洞口宽度大 10~15cm。

四、平推式曲臂遮阳篷的伸展长度应根据建筑物现场空间确定,其伸展后最低点离地高度应大于 2.5m。

五、电机的选择参照下表 3-5。

曲臂遮阳篷使用电机扭矩参考表　　　　表 3-5

宽度(mm)	长度(mm) 扭矩(N·m) 1000	1500	2000	2500	3000	3500
<2000	25	~	×	×	×	×
2000~3000	25	25	~	×	×	×
3000~4000	25	25	25	~	×	×
4000~5000	25	25	40	40	~	×

续表

宽度（mm） \ 长度（mm），扭矩（N·m）	1000	1500	2000	2500	3000	3500
5000~6000	40	40	40	40	50	~
≥6000	40	40	50	50	60	80

注：×为建议不使用；~为部分建议不使用；卷管外径ϕ63/70mm

2.5 施工安装要求

一、安装遮阳篷与混凝土墙体连接要求牢固。若墙体没有预埋件或不能可靠安装膨胀螺栓，应另行加装钢结构，确保能够承受遮阳篷荷载；同时不得破坏墙面装饰结构。

二、确保安装正确，牢固，定位准确。

三、安装电动遮阳篷，需检查接线是否正确；确认无误后，方可接通电源检查遮阳篷运行情况和限位设置情况。

四、安装电动遮阳篷宜配置风、光感应器，超过设定风速时自动收回，有强光照射时自动伸展。

2.6 验货要点及工程验收要点

一、外观：主要检查外包装有无破损；若有破损，则进一步检查产品（包括面料、铝合金型材、配件、控制元器件或配电箱等）的外观缺陷。

二、数量：核对清点数量。

三、操作：检查遮阳篷的伸展、收回、噪声、连续、平幅、跑偏、限位等，是否有异常；电动遮阳篷检查其控制和响应。

四、检查遮阳篷随篷文件；质量证明、检验报告、使用维修说明书等文件和资料是否齐全。

五、检查遮阳篷是否按要求安装，节点是否安全可靠。

六、对于超高或大型电动遮阳篷的隐蔽作业项的检查：A、与建筑结构的连接（如焊接、铆接、螺栓连接等）质量；B、线路排放和线路桥架的固定；C、配电箱内接线规范。

2.7 维护、维修要求

一、参看使用说明书或在相关人员指导下正确操作遮阳篷。

二、使用中如有任何异常，应通知遮阳施工企业的售后服务人员进行维修服务。

三、工程项目资料，巡检、维修记录即时存档。

第3节 建筑用遮阳软卷帘

建筑遮阳软卷帘可同时适用公共建筑和民用建筑，一般使用在室内窗墙上。如建筑有特殊功能需要，也可适用室外窗墙。通过开启和收合遮阳卷帘，控制阳光和热量通过窗户进入室内，有效改善热环境，降低空调能耗的一种操作简易的遮阳措施。

3.1 产品描述及适用范围

一、产品描述

卷帘根据遮阳的主体材料不同分为：软卷帘、硬卷帘。

软卷帘是目前市场上使用较为普及的一种立面遮阳产品。其遮阳主体材料为软性的织物面料，采用卷取方式使软性材质的帘布卷覆在金属卷管上，在立面或接近于垂直的方向上，利用专门的手动机构或电机带动卷管旋转，实现帘布伸展、收回的运动以改变遮阳面积的大小，而帘布的伸展运动完全依赖于帘布和底轨的重力向下作用。

软卷帘所用的织物面料通常分为三种：透景面料（俗称阳光面料，不同的透景面料其开孔率大小不同）；透光面料（俗称半遮光面料）和遮光面料，根据使用场所的功能不同进行选择。

二、适用范围

软卷帘主要应用于办公场所、学校、酒店、家居等建筑物室内立面遮阳（图3-35）。

也有少量软卷帘用于室外立面遮阳，此时必须加装防风导向钢丝或导向钢管，且不建议用于建筑高度20m以上的窗外遮阳（图3-36）。

当软卷帘高度低于3.5m时，可以选用手拉拉珠系统，依靠人力实现软卷帘伸展、收回；而高度超过3.5m、单幅软卷帘遮阳面积较大较重，不便于手动操作或用于户外时，一般选用电机作为动力的电动软卷帘（图3-37）。

图3-35 室内软卷帘

 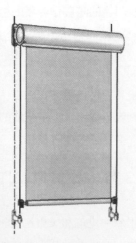 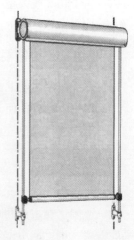

图3-36 户外软卷帘

图 3-37 电动软卷帘

3.2 产品分类、特点、规格

一、拉珠（绳）软卷帘（图 3-38）

手动拉珠（绳）软卷帘采用手动拉珠（绳）装置，通过正、反向向下手拉拉珠（绳），将拉珠（绳）的直线运动转换为卷管的旋转运动，使卷覆于卷管上的软性帘布伸展、收回，调节遮阳面积的大小。拉珠（绳）装置内设计有自锁机构，直接拉动底槽无法使面料上升或下降；当停止手拉操作时，保证面料在任意高度都可以停止而不会自行下坠。同时在展帘时，操纵力基本恒定，运行平稳。其特点是：

a）一般用于室内；
b）结构简单，操作方便，使用广泛；
c）面料卷覆于卷管上，软卷帘收回后便于隐藏；

一般手动拉珠软卷帘高度可达 3.5m 或单幅面积不超过 $5m^2$。

二、弹簧软卷帘（图 3-39）

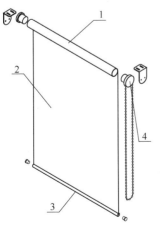

图 3-38 手动拉珠软卷帘结构示意图
1—卷管；2—帘布；3—底轨；4—拉珠装置

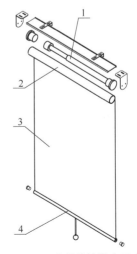

图 3-39 手动弹簧软卷帘示意图
1—弹簧装置；2—卷管；3—帘布；4—底轨

手动弹簧软卷帘用的弹簧（扭簧）装置安装于卷管内且设计有自锁机构。伸展时：向下拉动底轨上连接的拉珠，使软性帘布伸展且带动卷管旋转，同时使卷管内的扭簧系统（已施加有限预紧能量）储能，当伸展到恰当位置时，松开手指，系统内自锁机构起作用，锁定面料停止在所需伸展的位置且不会下坠。收回时：轻轻向下一拉底轨上连接的拉珠，旋即松开，解开自锁，此时扭簧储存的能量缓缓释放，卷管慢慢反向旋转，使面料逐步规则地卷覆至卷管上，直至收回至预定位置自动停止。这样，系统完成一个伸展、收回动作的循环。其特点是：

a）一般用于室内；

b）结构稍复杂，操作不太方便，但市场上仍有少量使用；

c）面料卷覆于卷管上，软卷帘收回后便于隐藏。

一般弹簧软卷帘高度可达 2.5m 或单幅面积不超过 $4m^2$。

三、电动软卷帘（图 3-40）

电动软卷帘所用管状电机安装于卷管内，其输出端与卷管固定连接，且设计有限位调节机构和锁定机构等。开动电机带动卷管旋转，使卷覆于卷管上的软性帘布伸展、收回。电机的正反转由开关或其他控制器控制，以确定是伸展、收回动作。电机内设计有若干机构将确保电动软卷帘的正常运行——准确限位、自锁、安全等。其特点是：

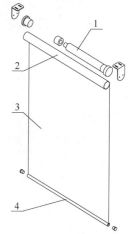

图 3-40 电动软卷帘结构示意图

1—电机；2—卷管；
3—帘布；4—底轨

a）广泛应用于室内外立面遮阳；

b）用于室外时的帘布必须考虑防水，同时还应考虑户外电动软卷帘的防风；

c）面料卷覆于卷管上，软卷帘收回后便于隐藏；

d）解决了超高、超宽玻璃幕墙立面的室内遮阳问题；

e）可实现有线控制、无线控制和自动化智能控制。

一般电动软卷帘高度可达 20m 或单幅面积不超过 $50m^2$。

3.3 技术性能指标

执行《建筑用遮阳软卷帘》JG/T 254—2009 标准。

一、外观：反映了软卷帘的质量，生产商的管理水平。

二、尺寸：指软卷帘的轮廓尺寸，也就是工程结算尺寸。帘布尺寸一般略小于轮廓尺寸，其误差应符合标准规定。

三、操作性能：软卷帘运行过程中连续；平幅；跑偏；同步性；限位为最主要的几个特性。

四、抗风性能：主要针对户外软卷帘，是一项安全指标。

五、操作力：反映软卷帘运行过程中的灵活轻巧度，通常根据操作力大小分为 2 级。

六、机械耐久性：直接反映软卷帘的使用寿命，机械耐久性分 3 级，按不同的需要选择不同的等级。

七、耐光色牢度：反映软卷帘面料的抗紫外线色牢度的性能。

八、耐气候色牢度：反映软卷帘面料的抗紫外线及耐气候色牢度的性能。

3.4 设计选用要点

一、根据建筑物窗洞口朝向、室内功能等确定织物面料的种类。

二、根据单幅软卷帘的尺寸（宽度 × 高度）确定软卷帘的操作装置：一般单幅面积≤4m²，考虑选用手动软卷帘；高度＞5m，应尽可能选用电动软卷帘。

三、根据宽度（或高度）的不同，计算确定不同外径的卷管和不同重量的底轨。

四、手动软卷帘：卷管应能够承受面料和底轨的重量，并保证平幅运行。

五、电动软卷帘：电机扭矩的理论计算方式：

$$M=\frac{K \times G \times D}{200} \qquad (3-1)$$

式中 M——电机扭矩（N·m）；

K——储备系数，K=1.15～1.30；

G——面料、底槽杆等重量（kg）；

D——卷管外径（mm）。

卷管直径的理论计算公式

$$D=\frac{H}{n \times \pi} \qquad (3-2)$$

式中 D——卷管外径（mm）；

H——卷帘高度（mm）；

n——电机最大工作转数。

六、软卷帘与建筑结构完美结合，往往配置窗帘箱、罩壳、半罩壳隐蔽安装。

3.5 施工安装要求

一、执行《建筑遮阳工程技术规范》JGJ 237—2011 第 8 章的要求。

二、找平安装平面，控制上梁卷管安装的水平误差，防止软卷帘跑偏；安装平面应该是基础墙体或厚的实木板，避免因振动引起工作时的噪声。

三、确保安装正确，牢固，定位准确。

四、安装电动软卷帘，还需检查接线是否正确；确认无误后，方可接通电源检查电动软卷帘运行情况和限位设置情况。

3.6 验货要点及工程验收要点

一、外观：主要检查外包装有无破损；若有破损，则进一步检查产品（包括面料、铝合金型材、配件、控制元器件或配电箱等）的外观缺陷。

二、数量：核对清点数量。

三、操作：检查软卷帘的伸展、收回、噪声、连续、平幅、跑偏、限位等，是否有异常；电动软卷帘检查其同步性及其控制和响应。

四、检查遮阳软卷帘随帘文件；质量证明、检验报告、使用维修说明书等文件和资料是否齐全。

五、检查软卷帘是否按要求安装，节点是否安全可靠；

六、对于超高或大型电动软卷帘的隐蔽作业项的检查：A.与建筑结构的连接（如焊接、铆接、螺栓连接等）质量；B.线路排放和线路桥架的固定；C.配电箱内接线规范；

七、备品、配件品种和数量是否齐全。

3.7 维护、维修要求

一、参看使用说明书或在相关人员指导下正确操作手动软卷帘；

二、电动软卷帘如有任何异常，应通知遮阳施工企业的售后服务人员进行维修服务；

三、工程项目资料，巡检、维修记录即时存档。

第4节 建筑用遮阳天篷帘

建筑遮阳天篷帘是一种适用于大型公共建筑物顶面大型采光顶的建筑遮阳产品，根据建筑设计的要求室内、外均可安装。天篷帘通过不同遮光系数的特殊面料，以及多变的运行形势来满足不同场合使用的隔热遮光要求，其中室外安装天篷帘隔热遮光效果要远远高于室内安装天篷帘。使用天篷帘产品可以直接并且有效地改善阳光照射，控制阳光热辐射通过顶面采光部位进入到室内，以达到改善室内热环境，降低空调制冷能耗的需求。

4.1 产品描述及适用范围

一、产品描述

天篷帘是目前市场上使用较为普遍的一种屋面遮阳产品（装置）。由电机、传动装置和支承构件等组装而成，其遮阳主体材料为软性的织物面料，或卷取、或折叠，通过帘布伸展、收回的运动以改变遮阳面积的大小。

天篷帘所用的织物面料通常分为三种：透景面料（俗称阳光面料，不同的透景面料其开孔率大小不同）；透光面料（俗称半遮光面料）和遮光面料，根据使用场所的功能不同进行选择。

二、适用范围

天篷帘适用于建筑物采光透明屋顶或中庭在水平、接近水平或曲面状态下的内、外遮阳。

天篷帘主要适用于公共建筑如商务楼、酒店和游泳池等建筑物透明采光屋顶的室内遮阳（图3-41a、图3-41b、图3-41c）。

图3-41（a） 室内天篷帘（电动张紧式）

图 3-41（b） 室内天篷帘（扭力卷取式）

图 3-41（c） 室内天篷帘（导向折叠式）

电动张紧式天篷帘在增加了一些特殊的附件如框架、防风压杆等构件，同时采取防风、防雨自动控制措施并采取相应的防雷击措施后，还可以安装在采光顶的户外遮阳（图3-42）。

图 3-42 户外电动张紧式天篷帘

4.2 产品分类、特点

一、电动张紧式天篷帘（图3-43）

电动张紧式天篷帘使用一对同类型电机（分别安置在两端的卷管内），通过专门的控制盒协调两电机之间的动作，在伸展或收回运动中，确保两个电机同向且不等速旋转；当断电停止运行时，其中一个电机制动，另一个电机还必须适量反转后制动，以保证天篷帘在运行过程中和停止运行时，保持帘布伸展部分有恒定张力（可预先设定），帘布外观非常平整。其特点是：

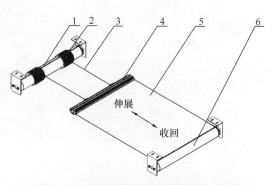

图3-43 电动张紧式天篷帘结构示意图
1—卷绳卷管（内置管状电机）；2—卷绳器；3—牵引钢丝；
4—引布杆；5—帘布；6—面料卷管（内置管状电机）

a）系统内部有设定的张力，对面料有抗拉要求，伸展部分的面料平挺；

b）面料卷覆于卷管上，天篷帘收回后便于隐藏；

c）经过特殊设计，可制成梯形或三角形天篷帘进行遮阳；

d）单幅电动张紧式天篷帘（一套系统）最大遮阳面积可达 $24m^2$；

e）可实现有线控制、无线控制和自动化智能控制。

二、弹簧张紧式天篷帘（图3-44）

弹簧张紧式天篷帘使用一台电机和一套弹簧系统（分别安置在两端的卷管内）。天篷帘伸展时，电机驱动卷管和卷绳器转动，通过牵引钢丝绳拖动面料展开，实现伸展动作；同时面料卷管内的强力扭簧系统（已预紧）进行储能并产生反向扭矩，与电机扭力相互作用，克服面料在伸展时不断增加的重力，实现面料平直运动，直至伸展至预定位置自动停止。收回时，电机反转，面料卷管内的扭簧储存的能量亦同时缓慢释放，面料逐步规则回卷至面料卷管上，直至收回至预定位置自动停止。这样，系统完成

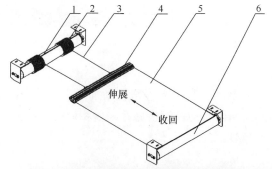

图3-44 弹簧张紧式天篷帘结构示意图
1—卷管（内置管状电机）；2—卷绳器；3—牵引钢丝；
4—引布杆；5—帘布；6—面料卷管（内置弹簧系统）

了一个伸展、收回动作的循环。运行过程中，当电机受命停止运转，天篷帘可停止在任意中间位置上，利用强力扭簧的预紧能量和伸展过程中逐步储存的能量，保持系统内面料的有限张紧。其特点是：

a）系统内部存在有限的张力，对面料有适中的抗拉要求，伸展部分的面料较为平挺；

b）面料卷覆于卷管上，天篷帘收回后便于隐藏；

c）经过特殊设计，可制成梯形或三角形天篷帘进行遮阳；

d）弹簧张紧式天篷帘单位面积的造价大大低于电动张紧式天篷帘；

e）单幅（一套系统）弹簧张紧式天篷帘的遮阳面积仅为电动张紧式天篷帘的二分之一甚至还要小。

f）可实现有线控制、无线控制和自动化智能控制。

三、扭力卷取式天篷帘（图 3-45）

扭力卷取式天篷帘由面料卷取和单电机循环两部分机构组成。面料卷取机构（套管弹簧系统）采用双卷管系统，外卷管与内卷管之间以强力盘形弹簧连接，保证面料在伸展、收回时始终保持平挺。牵引钢丝绕过定滑轮组，一端与外卷管连接，另一端与引布杆连接，通过电机正、反向旋转实现天篷帘面料的伸展或收回。其特点是：

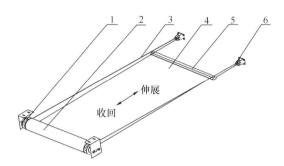

图 3-45　扭力卷取式天篷帘结构示意图
1—套管弹簧系统；2—卷管（内置管状电机）；3—牵引钢丝；
4—帘布；5—引布杆；6—定滑轮组

a）系统内部有有限的张力，对面料有适中的抗拉要求，伸展部分的面料较为平挺；

b）面料卷覆于卷管上，天篷帘收回后便于隐藏；

c）经过特殊设计，可制成梯形或三角形天篷帘进行遮阳；

d）可将卷管放在建筑立面玻璃的下部，形成一种特殊的电动卷帘，面料垂直移动，但不再是自上而下伸展，而是由下而上伸展，应用于需要上部透光、下部遮阳的场合；

e）可实现有线控制、无线控制和自动化智能控制。

四、钢丝导向折叠式天篷帘（图 3-46）

使用一个电机并通过电机控制钢丝正反卷绕，使帘布沿导向钢丝轨迹折叠伸展、收回。它主要由传动机构、面料支撑系统两部分组成。传动部分的一端为动力端，利用管状电机旋转带动卷管及固定在卷管上的卷绳器正、反转从而使钢丝绳进行收、放。传动部分的另一端为固定的滑轮，传动钢丝绳通过滑轮进行换向，保证一根钢丝绳的两端能同时固定在卷绳器上，并且钢丝绳始终保持绷紧状态。面料部分的上方固定并绷紧

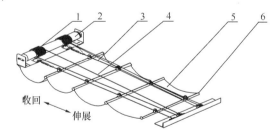

图 3-46　钢丝导向折叠式天篷帘结构示意图
1—卷绳器；2—卷管（内置管状电机）；3—导向支撑钢丝；
4—牵引钢丝；5—帘布；6—引布杆

有二根或多根导向钢绳（天篷帘宽度较大时可改用导向轨道）。面料从顶端开始安装若干引布杆，间距等分（通常为1m左右）。引布杆上安装有滑轮导向钢丝上滚动。引布杆与传动钢丝绳连接，在卷管（电机）带动下面料沿着导向钢丝绳伸展、收回。其特点是：

a）系统内部无张力，普通面料均可选用；

b）面料呈折叠状收展，收回后有一定体积，伸展后有一定造型；

c）经过特殊设计，可制成梯形或三角形天篷帘进行遮阳；

d）单电机操作，性价比较高；

e）可实现有线控制、无线控制和自动化智能控制。

五、轨道导向折叠式天篷帘（图 3-47）

轨道导向折叠式天篷帘系统由一台方形电机（或一对或两对电机，视扭矩大小和遮阳面积而定）与传动系统形成的传动机构（动力端）和面料移动导向支撑机构两部分组成。方形电机双向输出动力，通过传动轴将动力传递给两侧轨道里的主动链轮，当电机输出轴旋转时，主动链轮带动传动带（安装在两侧传动轨道里，由钢丝或 PVC 材料制成）共同作用，将电机的旋转运动转变为传动带的往复直线运动（由电机正、反转完成）。引布杆等距离（间距可调整）与遮阳面料连接，两端均有滚珠在两侧的轨道里移动。当传动带直线运动，拖动引布杆和面料平移，完成天篷帘的伸展和收回。其特点是：

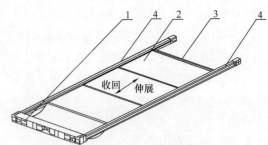

图 3-47 轨道导向折叠式天篷帘结构示意图
1—电机；2—帘布；3—引布杆；4—导轨

a）系统内部无张力，普通面料均可选用；
b）面料呈折叠状收展，收回后有一定体积，伸展后有一定造型；
c）大扭矩单电机操作时，天篷帘遮阳面积可达 42m²，性价比较高；也可以用一对或两队稍小扭矩的电机传动；
d）可实现有线控制、无线控制和自动化智能控制。

4.3 产品技术性能指标

执行《建筑用遮阳天篷帘》JG/T 252—2009 标准。

一、外观：反映了天篷帘的质量，生产商的管理水平。

二、尺寸：指天篷帘的轮廓尺寸，也就是工程结算尺寸。帘布尺寸一般略小于轮廓尺寸，其误差应符合标准规定。

三、操作性能：天篷帘运行过程中连续；平幅；跑偏；同步性；限位为最主要的几个特性。

四、机械耐久性：直接反映天篷帘的使用寿命，机械耐久性分 3 级，按不同的需要选择不同的等级。

五、抗风性能：主要针对户外天篷帘，是一项安全指标。

六、耐光色牢度：反映天篷帘面料的抗紫外线色牢度的性能。

七、耐气候色牢度：反映天篷帘面料的抗紫外线及耐气候色牢度的性能。

4.4 设计选用要点

一、设计选用要点

1. 优先设计选用室外遮阳天篷帘；
2. 依据建筑物功能的不同，选择恰当的遮阳天篷帘产品，满足遮阳采光需求，在建筑结构不宜承受过大张紧力时应选折叠式天篷帘；
3. 可以根据遮阳屋顶光分布要求，设计天篷帘的长度，宽度一般不超过 2.5m；
4. 卷取式天篷帘宜选用断裂强度比较高的面料；

5. 遮阳系统隐蔽，与建筑结构完美结合；

6. 不得破坏主体结构，不得影响建筑物寿命；

7. 设计时应考虑施工安装及维修保养方便。

二、设计案例

1. 厦门港国际邮轮中心码头联检大楼透明屋顶"轨道导向折叠式天篷帘"工程（图3-48）

图 3-48　轨道导向折叠式天篷帘

该遮阳工程项目系既有建筑的遮阳节能改造项目。该建筑屋顶是轻质钢梁结构且为弧形。业主提出的要求是：A. 遮阳节能；B. 造型美观。

设计选用"轨道导向折叠式天篷帘"，安装在室内，符合业主的要求，同时只要求屋顶结构承受天篷帘重量，运行时不再增加建筑物的其他荷载。

2. 中国银行数据中心（上海浦东）透明屋顶"户外电动张紧式天篷帘"工程（图3-49）

图 3-49　户外电动张紧式天篷帘

该遮阳工程项目系既有建筑的遮阳节能改造项目。该建筑屋顶幕墙玻璃略有倾斜(排水)，净空高度约30m。业主提出的主要要求就是遮阳节能。

设计选用"户外电动张紧式天篷帘"，安装在屋顶幕墙玻璃上方遮阳（户外）；A.隔热节能效果好；B.施工安装及维修保养方便（无需搭建高空脚手架）；C.天篷帘自重由连接件与建筑物屋顶结构可靠连接；D.运行时系统的张力由专门设计的框架承受；E.在屋顶上的适当位置加装风、雨感应器，自动保护控制；F.整个遮阳系统置于大楼防雷网的下方。

4.5 施工安装要求

一、找平安装平面，防止天篷帘跑偏；安装平面应该是基础墙体或抱箍等连接。

二、施工前安排项目经理、项目工程师及施工负责人一同与装修单位进行技术沟通，现场实际勘察，对安装尺寸进行复测，按设计方案确认预留孔洞（或预埋件）以及预埋管线等是否符合施工要求。

三、依据实际施工条件，确认施工脚手架或登高设备以及吊装机具的可靠性（针对特殊项目进行施工前安全教育，要求施工员心中有安全，手中有质量）。

四、根据施工工艺，安装天篷帘连接件，逐幅安装天篷帘，确保安装正确，可靠，定位准确；并逐一检查安装的完整性。

五、确认安装无误后，接通电源，检查天篷帘运行情况和限位设置情况，必要时加以调整。

六、根据遮阳设计方案和要求（包括控制要求），检查遮阳天篷帘整体运行情况并进行调整。

4.6 验货要点及工程验收要点

一、外观：主要检查外包装有无破损；若有破损，则进一步检查产品（包括面料、铝合金型材、配件、控制元器件或配电箱等）的外观缺陷。

二、数量：核对清点数量。

三、操作：检查天篷帘的伸展、收回、噪声、连续、平幅、跑偏、限位等，是否有异常；电动天篷帘检查其同步性及其控制和响应。

四、检查天篷帘随帘文件；质量证明、检验报告、使用维修说明书等文件和资料是否齐全；

五、检查天篷帘是否按要求安装，节点是否安全可靠。

六、对于超高或大型电动天篷帘的隐蔽作业项的检查：A.与建筑结构的连接（如焊接、铆接、螺栓连接等）质量；B.线路排放和线路桥架的固定；C.配电箱内接线规范；

七、备品、配件品种和数量是否齐全。

4.7 维护、维修要求

一、电动天篷帘如有任何异常，应通知遮阳施工企业的售后服务人员进行维修服务。

二、工程项目资料，巡检、维修记录即时存档。

第5节 建筑遮阳板

正如玻璃幕墙来源于较大窗墙比的建筑外窗，遮阳（百叶）板也来源于百叶窗。通常用于一些大型的标志性公共建筑,是户外遮阳技术的高级形式。遮阳板改变叶片翻转角度的同时以达到不同的遮阳效果,调节进光量,有效地改善室内热环境与光环境;系统装置通过电机锁紧有一定防盗作用。所用材质大多数为氟碳喷涂铝合金挤压型材,也有部分以玻璃、木材、陶板、光伏玻璃等其他材料制成。在满足建筑功能性的同时,遮阳板丰富的材料选择、色彩体系与表现形式,已经成为建筑师所钟爱的一种建筑语汇和凸显建筑美学的表现形式。

5.1 产品描述及适用范围

建筑遮阳板又称百叶板、翻板等,主要有两种形式:水平遮阳板和垂直遮阳板,适用于公共建筑的立面和顶面遮阳。百叶遮阳板应用实例见图3-50。

(a)　　　　　　　　　　　　　　　(b)

(c)　　　　　　　　　　　　　　　(d)

图3-50 百叶遮阳板应用实例

5.2 产品分类、特点、规格

遮阳板主要分为固定式和活动式。固定式主要通过对叶片(铝型材)锚固的方式与建筑主体连接，属于建筑构件的一部分，在此不做赘述。活动式遮阳板分为手动和电动两类，手动式主要由叶片、框架、传动机构三部分组成；电动式则主要由叶片、框架、传动及电机控制四部分组成。

遮阳板的叶片通常为铝合金一体挤压型材，国内大多使用牌号 6063T5 的铝合金，表面处理方式可采用阳极氧化、静电粉末喷涂、木纹转印、氟碳喷涂等处理方式。驱动方式有推杆电机、管状电机、手动机构等。控制方式有手动开关、无线遥控、智能感应、楼宇 PC 控制等。

一、叶片

遮阳板的叶片可分为三类：小型遮阳板、中型遮阳板和组合型遮阳板；小型遮阳板规格参数见表 3-6；中型遮阳板参数规格见表 3-7；组合型遮阳板参数规格见表 3-8；一般组合型翻板叶片打孔方式见图 3-51；大型组合型遮阳板叶片打孔方式见图 3-52。

小型遮阳板规格参数表 表 3-6

叶片	叶片形状		
	宽度 A（mm）	50	80
	高度 h（mm）	10	18.5
	叶片厚度（mm）	1	1
	叶片排布标准重叠	45	70
	建议安装位置	室内外	
	特性	叶片为挤压成型，结构简洁、牢固	
	叶片透光率	约 10%（阳光垂直照射叶片面时）	
封头板	形状		
	材料	增强尼龙 2.5mm	

中型遮阳板参数规格表 表 3-7

叶片	叶片形状							
	宽度 A（mm）	120	180	165	200	225	300	450
	高度 h（mm）	15	25	38	34	50	50	70
	叶片厚度(mm)	1.2	1.5	≥2.3	≥2.5	≥2	≥2	≥2.5
	叶片排布标准重叠	105	165	160	185	205	280	430
	建议安装位置	室外						
	特性	叶片为挤压成型，结构简洁、牢固						
	叶片透光率	约 10%（阳光垂直照射叶片面时）						

续表

封头板	形状					
	材料	铝合金3mm				

组合型遮阳板参数规格表　　　　表3–8

叶片	叶片形状					
	宽度 A (mm)	300	600	900	1200	1500
	高度 h (mm)	50	75	90	96	105
	叶片材料厚度 (mm)	2	2	2	2	2
	叶片排布标准重叠	280	570	870	1150	1450
	建议安装位置	室外				
	特性	叶片由骨架与铝板结合而成，结构轻盈，表面铝型材加工方法多样。叶片铝板可用多种孔径穿孔修饰。				
	叶片透光率	约20%~35%，根据孔直径及数量（阳光垂直照射叶片面时）				
封头板	形状					
	材料	铝合金3mm				

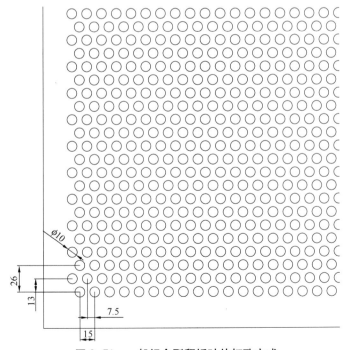

图3-51　一般组合型翻板叶片打孔方式

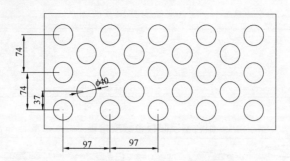

图 3-52　大型组合型遮阳板叶片打孔方式

二、驱动方式

驱动方式有推杆电机、管状电机和手动机构等三种类型。推杆电机外置驱动见图 3-53；推杆电机隐藏式驱动见图 3-54；管状电机横置驱动见图 3-55；管状电机竖置驱动

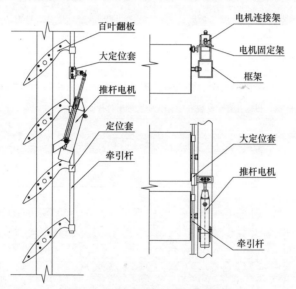

图 3-53　推杆电机外置驱动图

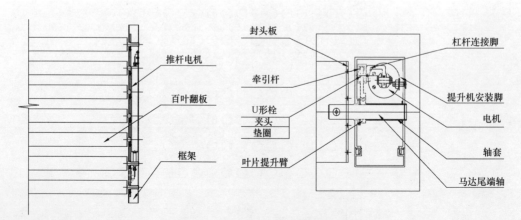

图 3-54　推杆电机隐藏式驱动图

见图 3-56；管状电机内置式驱动见图 3-57；管状电机隐藏式涡轮驱动见图 3-58；手摇杆驱动方式见图 3-59；手磐驱动方式见图 3-60。

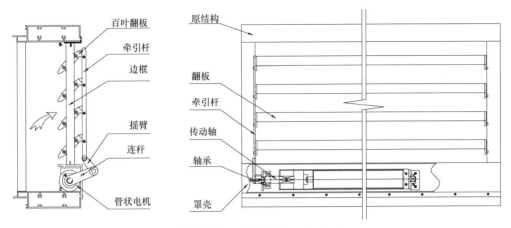

图 3-55 管状电机横置驱动图

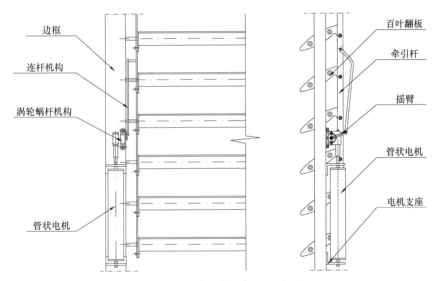

图 3-56 管状电机竖置驱动图

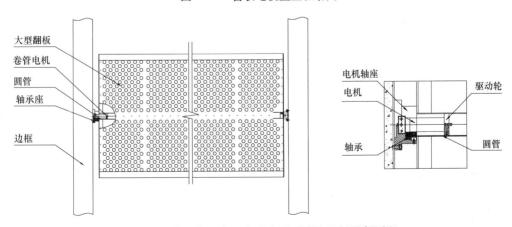

图 3-57 管状电机内置式驱动图（适用于大型遮阳板）

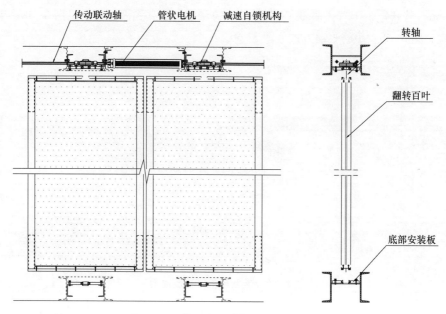

图 3-58 管状电机隐藏式蜗轮驱动图

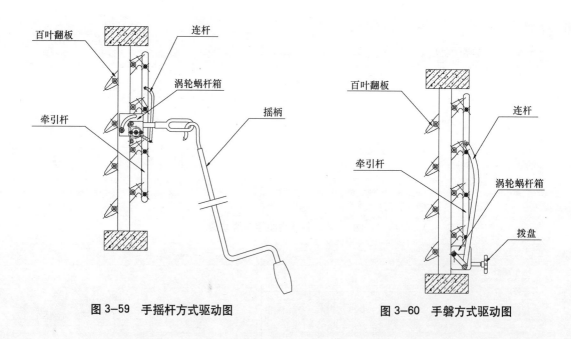

图 3-59 手摇杆方式驱动图　　　　图 3-60 手磐方式驱动图

5.3 产品技术性能指标

建筑用铝合金遮阳板的产品标准正在编制过程中，目前可按照《建筑遮阳通用要求》JG/T 274—2010执行，该标准对遮阳产品所用材料、操作力、机械耐久性、抗风性能等都有明确的规定。

5.4 设计选用要点

1. 遮阳板属于大型构件，应根据建筑物风格、结构与建筑设计同步设计，与建筑完美结合；
2. 根据建筑物的层高、窗洞口尺寸、所处地区等综合选择叶片宽度、厚度以及驱动形式；
3. 遮阳板一般选择电动操作方式，根据宽度（或高度）的不同，计算确定不同的电机。常见遮阳板机构承载力选用参数见表3-9。

机构承载力选用参数表　　　　　　　　　　　表3-9

遮阳板面积（m²）	管状电机扭矩（N·m）	推杆电机推力（N）
<2	10	450
2~3	15	600
3~4	20	1000

设计安装遮阳板如遇更大面积时配合选用蜗轮蜗杆系统，使用同样的电机扭矩，可推动的面积可以增大3~4倍。如遮阳板配合使用蜗轮蜗杆系统对1m×4m遮阳板用一个20N·m管状电机就能带动4扇，即一拖四的总面积达16m²。

5.5 施工安装要求

一、执行《建筑遮阳工程技术规范》JGJ 237—2011第8章的要求。

二、确保安装正确，可靠，定位准确。

三、检查接线是否正确；确认无误后，方可接通电源检查电动遮阳板运行情况和限位设置情况。

四、必要时，对以上安装进行调整。

五、安装方式与节点。

小型百叶翻板建议框内安装，安装时需配安装角尺，固定牢固即可。小型百叶翻板安装见图3-61。

对于中型遮阳板，芯轴与框架内芯轴底板固定，铝百叶通过内部尼龙轴套与芯轴配合转动，固定端盖，紧固边框。中型120~180遮阳板安装见图3-62；中型225~450遮阳板安装见图3-63；组合型遮阳板安装见图3-64。

对于中型遮阳板，叶片与转轴需轴承配合，轴头为螺纹形式，与框架螺纹连接，待各片百叶位置调整为一直线，固定轴头即可。

对于组合型遮阳板叶片由多段铝合金龙骨支撑，表面覆铝板，轴头与首末端龙骨螺丝固定。叶片转动需轴承，轴承安装于轴承座内，与外部结构固定，金属框架或是水泥混凝土皆可。

根据遮阳板的种类、边框尺寸、安装方式，遮阳板的安装节点有很多方式，小遮阳板小边框安装节点方式见图3-65；小遮阳板安装节点方式见图3-66；中型遮阳板安装节点方式见图3-67；组合型遮阳板安装节点方式见图3-68；竖直遮阳板安装节点方式见图3-69。

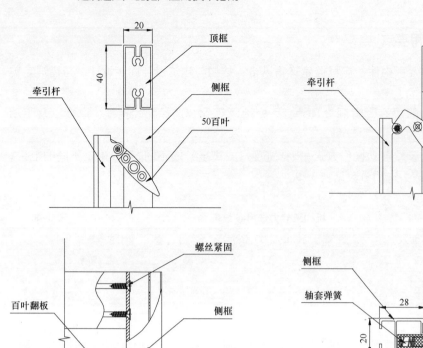

图 3-61 小型百叶翻板安装示意

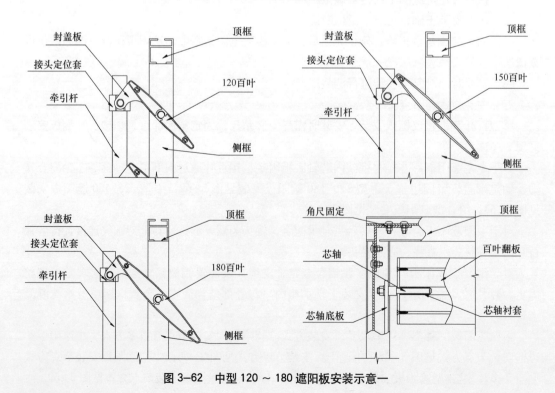

图 3-62 中型 120～180 遮阳板安装示意一

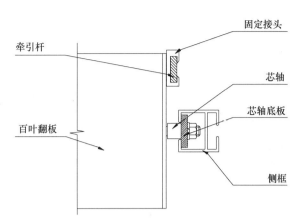

图 3-62 中型 120～180 遮阳板安装示意二

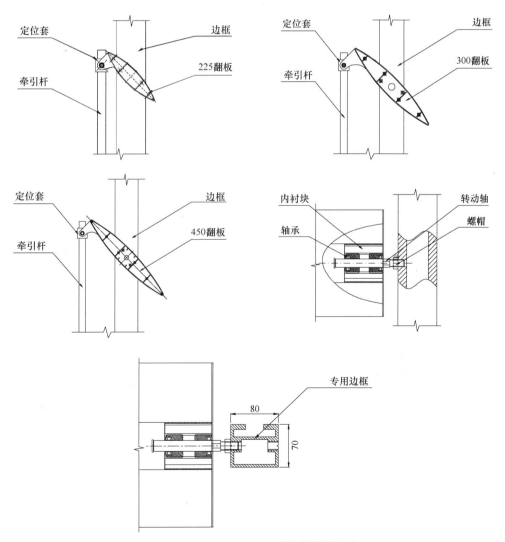

图 3-63 中型 225～450 遮阳板安装示意

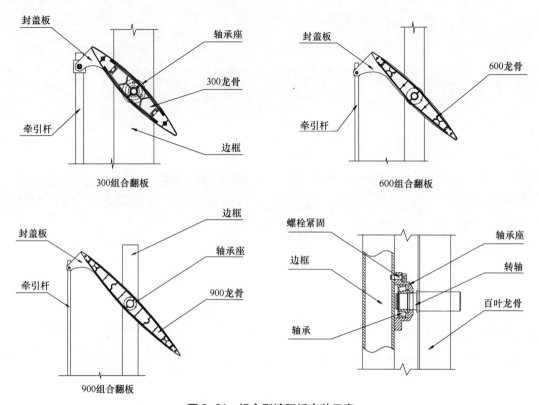

图 3-64 组合型遮阳板安装示意

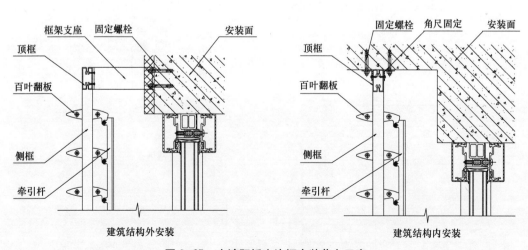

图 3-65 小遮阳板小边框安装节点示意

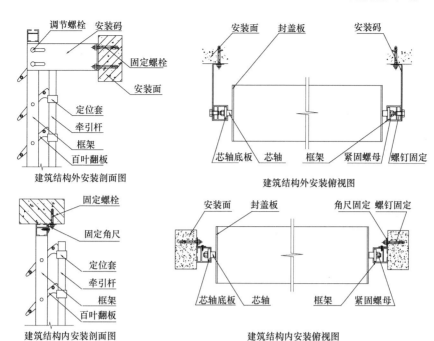

图 3-66 小遮阳板安装节点示意

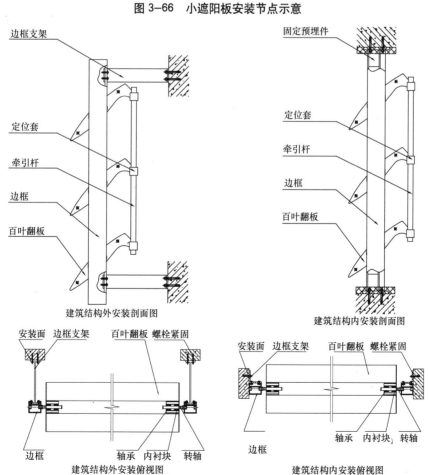

图 3-67 中型遮阳板安装节点示意

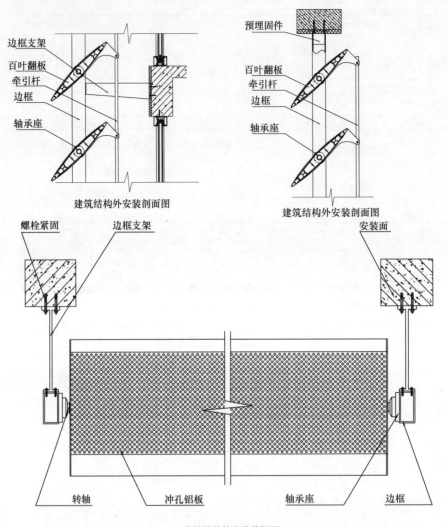
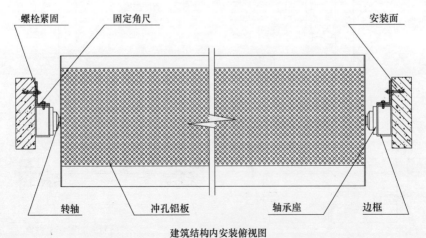

图3-68 组合型遮阳板安装节点示意

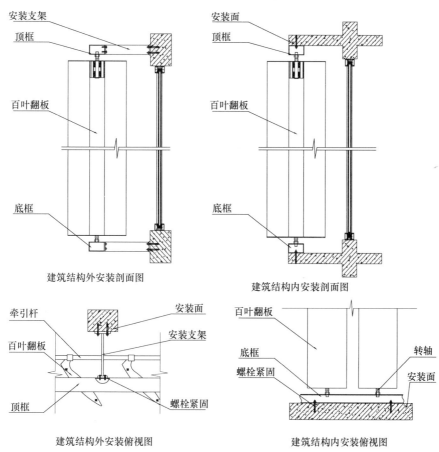

图 3-69 竖直遮阳板安装节点示意

5.6 验货要点及工程验收要点

一、验货要点
1. 外观：主要检查外包装有无破损；若有破损，则进一步检查产品（包括铝合金型材、连接轴承、电机配件、控制元器件或配电箱等）的外观缺陷；
2. 数量：根据发货单核对、清点。

二、工程验收要点
1. 执行《建筑遮阳工程技术规范》JGJ 237—2011 第 9 章的要求；
2. 检查遮阳板的随行文件：质量证明、检验报告、使用维修说明书等文件和资料是否齐全；
3. 按工程项目合同相关条款验收遮阳板的尺寸、数量；
4. 检查遮阳板是否按要求安装，节点是否安全可靠；
5. A.与建筑结构的连接（如焊接、铆接、螺栓连接等）质量；B.线路排放和线路桥架的固定；C.配电箱内接线规范；
6. 检查遮阳板运行时的动作、噪声等，是否有异常；电动遮阳板检查其控制和响应；
7. 备品、配件品种和数量是否齐全。

5.7 维护、维修要求

一、执行《建筑遮阳工程技术规范》JGJ 237—2011 第 10 章的要求；

二、手动产品无法运行或定位，可参看使用说明书进行故障排除；

三、电动遮阳板如有任何异常，应通知承包商的售后服务人员进行维修服务；

四、工程项目资料，巡检、维修记录即时存档。

5.8 工程案例

一、南京图书馆新馆（遮阳面积 1200m²）

南京图书馆新馆是一座现代化、综合型、多功能的现代化公共图书馆，位于南京城中大行宫东北侧。新馆占地 25200m²，总建筑面积 77860m²。它不仅在外形设计上独树一帜，内部使用功能也大大突破了老馆的限制，是江苏省最大的文献宝库和文化事业标志性工程。新馆的设计极具前瞻性，整体造型独特、简洁、美观、流畅。为了凸现环保节能的现代设计理念，新馆外部装饰大面积采用了电动翼帘型遮阳系统。可根据需要自动对光照进行控制，最大限度地提升建筑内部的环境品质，又能恰到好处地表现出建筑外立面线条的美感，于细微之处将产品的功能性和设计性完美地融合在一起（图 3-70）。

图 3-70 南京图书馆新馆

二、广州发展中心大厦（遮阳面积 7000m²）

广州发展中心大厦坐落在美丽的珠江之滨，占地面积 6900m²，总建筑面积 78000m²，高度 150m，是世界上首座采用智能金属遮阳系统的超高层建筑。其外立面四周采用智能控制遮阳系统 7000m²，每片叶片高 6.8m 宽 900mm，弧面设计，表面经过冲孔处理，远观经典大方，近看素雅细腻；这一设计不仅能有效减轻叶片重量、减少风荷载，赋予遮阳叶片良好的抗风压能力，亦为室内工作的人们留住了窗外无限美丽的珠江风景。自动光感、风力保护与智能操控系统根据阳光照射方向的变化自动调整叶片的遮阳角度，始终保持最佳的遮阳效果。遮阳板的角度变换也给建筑赋予了生命和活力。建筑的室内设计主要采取了"简约时尚"的理念（图 3-71）。

图 3-71　广州发展中心大厦

三、中国矿大图书馆（550m²）

中国矿业大学位于北京市北四环学院路，图书馆屋顶的户外遮阳选用铝合金遮阳板，整个百叶板安装在玻璃幕墙上部，分为两部分，中间是一个直径为17.26m的圆形，两边为两个长方形，总面积为550m²，表面处理为阳极氧化铝本色。整个遮阳板的开启关闭采用智能化管理，安装有光感、温感及风雨感应器，可以人性化的自动控制其开启与关闭，由于百叶安装在户外，阻挡了夏天炎热的太阳，节约了空调的能耗（图3-72）。

图 3-72　中国矿大图书馆

第6节　遮阳百叶窗

百叶窗，顾名思义，即窗板为百叶形式。百叶窗起源于中国，兴盛于欧洲。中国古代建筑中，有直棂窗，从战国至汉代各朝代都有运用。直条的曰直棂窗，还有横条的，叫卧棂窗。卧棂窗即百叶窗的一种原始式样，也可以说它是百叶窗原来的状态。到了明朝，卧棂窗有很大发展。在宋代砖塔上做出各式的多种多样的直棂窗，在明代砖塔上也做卧棂窗，实例特别多，主要用它来遮阳与通风换气，那即是百叶窗的前身。严格来说，卧棂窗与百叶窗有一点不同，那就是卧棂窗平列而空隙透明。百叶窗窗棂做斜棂，水平方向内外看不见,只有斜面看才可看到。近代的百叶窗是由美国人发明的,约翰·汉普逊并于1841年8月21日取得了该发明专利。

6.1 产品描述及适用范围

遮阳百叶窗的窗板由百叶制成。按照窗的启闭方式分为推拉式、平开式、折叠式和固定式(图3-73~图3-76),其中固定式百叶窗更多用于工业建筑或设备的通风、换热或防

图3-73 推拉式

图3-74 平开式

图3-75 折叠式

图3-76 窗框固定式

雨防尘。窗板百叶窗棂也分为固定式和活动式，活动式可已通过调整百叶叶片角度开启或关闭，可通过手动或电动调节，起到遮阳、调光和导风的作用。百叶窗一般安设在普通建筑外窗或阳台落地窗外部或内部，外部节能效果较好，但有较高的抗风和耐候性等要求。常用材质为铝合金和木材，也有部分玻璃、硬质塑料和钢制产品。

6.2 产品分类、特点、规格

一、分类

材质可分为铝合金、钢质、木质、玻璃、硬质塑料等；
安装位置可分为外窗和内窗；
窗的启闭方式可分为推拉式、平开式、折叠式和固定式；
窗板百叶分为固定式和活动式；
操作方式分为手动式和电动式。

二、规格

遮阳百叶窗的规格与普通建筑外窗一致，可参照国家建筑标准设计图集《百叶窗（一）》05J624-1执行。

6.3 产品技术性能指标

目前遮阳百叶窗还没有相应的产品标准，可参照《建筑遮阳通用要求》JG/T 274—2010执行，重点项目包括原材料的各项性能和成品的抗风性能、机械耐久性能、操作力。

6.4 设计选用要点

一、根据建筑物层高、窗洞口尺寸、所处地区等综合选择启闭形式和抗风性能等级。其中平开式、折叠式用作建筑外遮阳时不宜用于高层建筑。

二、窗板百叶可调式产品，当叶片可完全闭合时，还应根据设计要求确定整窗的抗风压等级。

三、综合考虑除遮阳外对百叶窗防飘雨、防沙等功能的要求。

四、选择适当的颜色，与建筑立面完美结合。

6.5 施工安装要求

一、执行《建筑遮阳工程技术规范》JGJ 237—2011 第8章的要求；
二、找平安装平面，控制窗框或导轨安装的水平误差；
三、确保安装正确，可靠，定位准确；
四、安装电动百叶窗，还需检查接线是否正确；确认无误后，方可接通电源检查电动百叶帘运行情况和限位设置情况；
五、必要时，对以上安装进行调整；
六、安装方式与节点；
七、遮阳百叶窗的安装节点图参照国家建筑标准设计图集 05J624-1《百叶窗（一）》。

6.6 验货要点及工程验收要点

一、验货要点

1. 外观：主要检查外包装有无破损；若有破损，则进一步检查产品（包括叶片、窗框、配件、控制元器件或配电箱等）的外观缺陷；
2. 数量：根据发货单核对、清点。

二、工程验收要点

1. 执行《建筑遮阳工程技术规范》JGJ 237—2011 第 9 章的要求；
2. 检查遮阳百叶窗随行文件：质量证明、检验报告（含复检报告）、使用维修说明书等文件和资料是否齐全；
3. 按工程项目合同相关条款验收百叶帘的品种、数量；
4. 检查百叶窗是否按要求安装，节点是否安全可靠；
5. 检查百叶窗启闭和叶片翻转时的动作、噪音等，是否有异常；电动百叶窗检查其控制和响应；
6. 备品、配件品种和数量是否齐全。

6.7 维护、维修要求

一、执行《建筑遮阳工程技术规范》JGJ 237—2011 第 10 章的要求；
二、内百叶窗无法运行或定位，可参看使用说明书进行故障排除；
三、外百叶窗如有任何异常，应通知承包商的售后服务人员进行维修服务；
四、工程项目资料，巡检、维修记录即时存档。

6.8 工程案例

一、中国科技大学上海分院研究生院（图 3-77）

图 3-77 中国科技大学上海分院研究生院

中科大的户外遮阳百叶窗为窗框固定，叶片电动可调式，安装总面积约 1200m^2，百叶片截面为 300mm，叶片间距为 290mm。叶片小距离的重叠，增强了百叶面的抗风性能（实验证明可抵抗 130km/hr 的风速）。

电动玻璃遮阳百叶窗装在建筑外立面，使得整个建筑外观非常的宏伟气派。百叶的控制方式多样化（整个立面的百叶整体运动，单个楼层的叶片可单独控制，同时在每个房间的百叶可独立控制）。在夏季，建筑内感觉非常凉爽；冬季的保温性能很好，是典型的节能建筑。

二、上海某别墅（图3-78）

图3-78　上海某别墅

木质平开百叶窗欧洲应用较为普遍。国内用于户外时一般用于别墅等高档低层建筑。

三、欧洲某建筑

推拉式百叶窗在欧洲应用较为普遍，而国内较少。该产品适合于任何民用建筑，抗风性能十分优异，特别适合有大风的地区，需要遮阳时收合，需要阳光时伸展。大风时可将窗板移动到旁边贴在墙边。推拉式百叶窗见图3-73。

第4章　建筑遮阳工程

　　建筑遮阳工程设计是与建筑物的建筑设计紧密联系在一起的，新建建筑的遮阳工程应该与建筑物"同步设计、同步施工、同步验收和同步投入使用"。这样做有利于保证遮阳装置与建筑良好结合，保证工程质量，并在新建建筑投入使用时遮阳装置即可发挥作用。四个同步要求建筑遮阳工程的设计、施工与质量管理都要与建筑物紧密结合，满足建筑外观要求和建筑的安全、功能、性能的要求。既有建筑的建筑遮阳工程也要同样要充分考虑建筑的外观，并满足建筑的安全、功能、性能的要求。

第1节 建筑遮阳工程基本要求

1.1 建筑遮阳措施在建筑中的合理运用

我国大部分地区都有夏季防热要求，而且建筑节能设计标准中也有遮阳的要求。夏热冬暖地区、夏热冬冷地区和寒冷地区建筑的东向、西向和南向外窗（包括透明幕墙）以及屋顶天窗（包括采光顶），在夏季受到强烈的日照，大量太阳辐射热通过窗户进入室内，造成建筑过热和能耗增加，使室内舒适度降低。采取有效的建筑遮阳措施，就能够降低空调负荷，减少建筑能耗，并减少太阳辐射对室内热舒适度的不利影响，保障室内的视觉舒适度。有效的遮阳措施包括：绿化遮阳、结合建筑构件的遮阳和专门设置的遮阳装置遮阳。

一、精心设置的建筑绿化遮阳对建筑隔热有很好的效果，如庭院绿化，即用高大树木、藤架等，以及在墙壁上附着攀缘植物与屋顶上栽种树木花草。虽然绿化不属于工程技术范围，《建筑遮阳工程技术规范》JGJ237也没有涉及，但是却可以带来良好的遮阳效果，应该因地制宜，结合建筑外观与园林景观，积极采用。

二、结合建筑构件的遮阳手法是建筑物常见的遮阳手段。在炎热夏季较长的地区，建筑物比较适宜采用的构件遮阳有：宽大的挑檐，建筑外廊、凹廊、阳台，建筑的装饰造型构件等。

三、为了遮阳，建筑物也经常设置专门设置固定的建筑遮阳构件。这些构件包括：水平遮阳、垂直遮阳、综合遮阳、挡板遮阳（板、花格等）。在夏季炎热的地区，固定遮阳是低成本的遮阳措施，而且相对来说安全性比较好，设计得当还可以不影响自然采光，遮挡太阳直射而改善室内热环境。

四、在夏季需要遮阳的地区，还可以采用活动遮阳，包括活动百叶内遮阳、活动百叶外遮阳、外遮阳帘、内遮阳帘等。活动遮阳设计可以兼顾降低建筑空调负荷、改善室内热环境、节能、改善室内视觉环境等。

1.2 结合实际确定合理的建筑遮阳形式

建筑遮阳形式和措施的确定，应综合考虑地区气候特征、经济技术条件、房间使用功能等多重因素，以满足建筑夏季遮阳、冬季阳光入射、冬季夜间保温，以及自然通风、自然采光、室内视觉舒适等多方面的要求。

门窗（玻璃幕墙）本身的遮阳设计相对比较简单，其重点在于选取可见光透射比高、遮阳系数低的玻璃产品。吸热（着色）玻璃有一定的遮阳作用，单片的热反射玻璃、阳光控制玻璃已经有相当的遮阳效果了，如果要求更高，则可以采用热反射玻璃或阳光控制Low-E玻璃的中空玻璃。为了特殊的目的，玻璃行业还发明了双银Low-E玻璃、Low-E夹胶膜等产品。遮阳型玻璃的选择范围非常广泛，设计得当可以达到非常好的遮阳效果。但采用玻璃遮阳要注意冬季室内的日照需求，建筑室内的采光要求等。在冬季较冷的地区，玻璃的遮阳系数不宜太低，如不要低于0.5。同时，对于采光面积有限的房间，玻璃的可见光透射比不能太小，如不要低于0.5。

建筑内、外遮阳措施设计的选择比较大。在夏季长（如超过三个月）的地区，建筑适宜采用固定的遮阳装置（如建筑构件、各种形式的固定遮阳板等），尤其在建筑的东西向和南向。

在没有采用固定遮阳,而且玻璃遮阳还不能满足要求的情况下,采用活动遮阳装置(如布帘、各种金属或塑料百叶等)成为必需的选择。活动式遮阳可视一年中季节的变化,一天中时间的变化和天空的阴晴情况,随时进行调节;这种遮阳装置灵活性大,在寒冷季节,为了避免遮挡阳光,争取日照,有的还可以拆除。

夏热冬暖地区的建筑,尤其是南区的建筑,在"必须充分满足夏季防热要求,可不考虑冬季保温"的条件下,可优先考虑采用各种固定式遮阳装置,其他地区应充分考虑夏季遮阳、冬季阳光入射、自然通风、采光、视野等因素,可采用固定式或活动式遮阳装置。

当密闭性良好的遮阳装置闭合时,窗与遮阳装置之间的空气层会起到保温作用,因而此种遮阳装置还具有冬季夜间保温的功能。

1.3 遮阳装置的节能指标和工程设计

遮阳工程的设计、施工、验收应按照《建筑遮阳工程技术标准》等相关标准进行。外窗综合遮阳系数是建筑节能设计中需要控制的一个重要指标,在进行建筑遮阳设计时,应严格按照相应气候区建筑节能标准的要求,满足各地区建筑节能设计中规定的综合遮阳系数限值,以确保建筑节能目标的实现。

一、外窗综合遮阳系数应符合以下建筑节能标准的规定

1. 夏热冬暖地区、夏热冬冷地区和寒冷地区的居住建筑应分别符合现行行业标准《夏热冬暖地区居住建筑节能设计标准》JGJ 75、《夏热冬冷地区居住建筑节能设计标准》JGJ 134 和《严寒和寒冷地区居住建筑节能设计标准》JGJ 26 的相关规定;

2. 公共建筑应符合现行国家标准《公共建筑节能设计标准》GB 50189 的相关规定。

二、遮阳装置的选择

遮阳装置的类型、尺寸、调节范围、调节角度,以及遮阳材料光学性能(太阳辐射反射比、透射比等)在产品选择时都是十分重要的,选好适用的遮阳装置能增加遮阳的效果,提高建筑美观程度,降低造价。遮阳装置的选择确定应该首先满足建筑设计的要求,兼顾节能指标、外观和建筑造型,以及满足建筑室内热环境和视觉舒适的要求。

三、遮阳装置的相关参数设计

门窗玻璃幕墙的设计确定过程中需要确定其遮阳系数和可见光透射比,遮阳装置的遮阳系数乘以门窗幕墙的遮阳系数为综合遮阳系数,综合遮阳系数应满足节能标准的要求。

对于活动遮阳,遮阳装置遮阳系数是有特定状态的,百叶类活动遮阳装置更是如此,还与百叶的角度和太阳高度角有关。活动遮阳装置的遮阳效果与室内人员的控制相关联。所以,活动遮阳装置的遮阳装置遮阳系数不能完全计入,遮阳效果应打折扣。

内遮阳装置由于无法算成是永久的建筑装置,因而往往不计及其节能效果,所以不算其遮阳装置遮阳系数。但内遮阳实际上是可以节能的,而且往往是肯定会被采用的遮阳装置。内遮阳对热舒适和对视觉舒适的效果在建筑设计中是需要设计的。

四、遮阳装置的结构设计

建筑的遮阳装置除了要保证遮阳效果、视觉舒适和外观效果外,其关键是遮阳装置必须与建筑主体结构保持牢固可靠连接,做到结构安全耐久。为此,设计外遮阳装置时应综合考虑遮阳装置可能承受的各种荷载,尤其是风荷载,做好结构设计,使遮阳装置与结构连接牢固,确保使用安全。选择的遮阳装置本身也应该满足抗风及检修的荷载要求。

五、防火安全

外遮阳装置还要考虑其防火性能,当发生紧急事态时,遮阳装置应不致影响人员从建筑中安全撤离。一般,由于外遮阳装置多采用金属,因而不会因燃烧而助燃大火,但大型遮阳装置可能会较密,而且刚度和强度都较好,不利于人员逃生,逃生通道需要考虑人员逃生问题而避免使用不容易拆卸的金属遮阳装置。

1.4 遮阳产品性能指标的选择

所采用的遮阳产品相关性能指标应符合设计要求,并应符合现行行业标准《建筑遮阳通用要求》JG/T 274 的规定,以确保遮阳装置的各项性能满足建筑要求,并做到安全可靠。

为使活动遮阳装置满足不同使用者的要求,活动遮阳应做到控制灵活,操作方便,在发生误操作时不会对人员、遮阳装置和建筑环境等造成损害,并便于维护。

遮阳产品性能指标中首要的指标是热舒适指标和视觉舒适指标,其次是外观效果,另外还有可调节性能等。外遮阳装置要充分考虑其安全性,与建筑结构的连接、抗风性能、雪荷载等都要满足建筑设计的要求。

1.5 建筑遮阳工程的施工

为了保证建筑遮阳工程的施工质量与安全性,施工前要编制专项施工方案,并应由经过培训的专业人员进行安装及检查。

施工中首先要保证与建筑结构的连接。遮阳装置的预埋件、后置锚固件等应按照设计要求施工,其位置应该准确。

遮阳装置的安装应在土建施工完成后进行,以确保遮阳装置的外观质量、可调节部分的灵活性,以及保证遮阳装置的耐久性。

1.6 建筑遮阳工程的验收要求

建筑遮阳工程完成后应进行施工质量验收。验收应满足装饰工程质量的要求和节能工程验收质量的要求。验收中遮阳装置的安装是否牢固是重点,其次是位置、尺寸、调节范围、灵活性等。

遮阳工程所涉及的验收规范包括《建筑装饰装修工程质量验收规范》GB 50210 和《建筑节能工程施工质量验收规范》GB 50411。

第 2 节 建筑遮阳工程设计

建筑遮阳设计,应根据当地的地理位置、气候特征、建筑类型、建筑功能、透明围护结构朝向、建筑造型等因素,选择适宜的遮阳形式,并应优先选择外遮阳。不同朝向遮阳设计部位的优先次序可根据其所受太阳辐射照度,依次选择屋顶水平天窗(采光顶)、西向、东向、南向窗,夏季炎热地区必要时还应选择北向窗进行遮阳。

建筑遮阳工程的设计步骤如下:

一、按照建筑节能设计和建筑设计的要求确定遮阳装置的遮阳性能要求。包括遮阳装置遮阳系数、热舒适性能指标、视觉舒适性能指标。

二、按现行行业标准《建筑门窗玻璃幕墙热工计算规程》JGJ/T 151，使用建筑门窗幕墙热工性能计算软件计算工程所用的整窗和玻璃幕墙自身的遮阳系数、可见光透射比。

三、按照工程所处气候区对应的建筑节能设计标准中对外窗综合遮阳系数的要求，来确定建筑外遮阳的遮阳系数指标要求。

四、建筑固定外遮阳可设计成水平式遮阳、垂直式遮阳、综合式遮阳或挡板式遮阳等形式。由于太阳高度角和方位角在一年四季循环往返变化着，太阳高度角和方位角不同，遮阳构件产生的阴影区也随之变化，应进行夏季和冬季的阳光阴影分析，确定适合的遮阳形式。如采用活动遮阳装置，则按照遮阳装置的功能要求和性能指标选择遮阳产品。

五、对确定的建筑外遮阳进行热工计算。

六、对外遮阳装置进行结构安全计算。

七、对活动遮阳装置进行电气设计。

2.1 建筑专业设计的内容

一、根据建筑功能、立面造型等需要，结合工程所在地气候条件等因素，初步选择几种遮阳形式。

二、根据国家或地方对工程所在地区的节能设计标准中的有关遮阳、采光要求，确定该工程的遮阳要求。

夏热冬暖地区、夏热冬冷地区和寒冷地区的居住建筑应分别符合现行行业标准《夏热冬暖地区居住建筑节能设计标准》JGJ 75、《夏热冬冷地区居住建筑节能设计标准》JGJ 134 和《严寒和寒冷地区居住建筑节能设计标准》JGJ 26 的相关规定，如表 4-1、表 4-2 所示。

公共建筑应符合《公共建筑节能设计标准》GB50189 中的相关规定，如表 4-3~ 表 4-5 所示。

夏热冬暖北区居住建筑建筑物外窗平均传热系数和平均综合遮阳系数限值　　表 4-1

建筑物外墙平均	建筑物平均综合遮阳系数 S_W	建筑物外窗平均传热系数 K [W/(m²·K)]				
		平均窗墙面积比 $C_M \leq 0.25$	平均窗墙面积比 $0.25 < C_M \leq 0.3$	平均窗墙面积比 $0.3 < C_M \leq 0.35$	平均窗墙面积比 $0.35 < C_M \leq 0.4$	平均窗墙面积比 $0.4 < C_M \leq 0.45$
$K \leq 2.0$, $D \geq 3.0$	0.9	≤ 2.0	—	—	—	—
	0.8	≤ 2.5	—	—	—	—
	0.7	≤ 3.0	≤ 2.0	≤ 2.0	—	—
	0.6	≤ 3.0	≤ 2.5	≤ 2.5	≤ 2.0	—
	0.5	≤ 3.5	≤ 2.5	≤ 2.5	≤ 2.0	≤ 2.0
	0.4	≤ 3.5	≤ 3.0	≤ 3.0	≤ 2.5	≤ 2.5
	0.3	≤ 4.0	≤ 3.0	≤ 3.0	≤ 2.5	≤ 2.5
	0.2	≤ 4.0	≤ 3.5	≤ 3.0	≤ 3.0	≤ 3.0
$K \leq 1.5$, $D \geq 3.0$	0.9	≤ 5.0	≤ 3.5	≤ 2.5	—	—
	0.8	≤ 5.5	≤ 4.0	≤ 3.0	≤ 2.0	—
	0.7	≤ 6.0	≤ 4.5	≤ 3.5	≤ 2.5	≤ 2.0
	0.6	≤ 6.5	≤ 5.0	≤ 4.0	≤ 3.0	≤ 3.0

续表

建筑物外墙平均	建筑物平均综合遮阳系数 S_w	建筑物外窗平均传热系数 K [W/(m²·K)]				
		平均窗墙面积比 $C_M \leq 0.25$	平均窗墙面积比 $0.25 < C_M \leq 0.3$	平均窗墙面积比 $0.3 < C_M \leq 0.35$	平均窗墙面积比 $0.35 < C_M \leq 0.4$	平均窗墙面积比 $0.4 < C_M \leq 0.45$
$K \leq 1.5$, $D \geq 3.0$	0.5	≤ 6.5	≤ 5.0	≤ 4.5	≤ 3.5	≤ 3.5
	0.4	≤ 6.5	≤ 5.5	≤ 4.5	≤ 4.0	≤ 3.5
	0.3	≤ 6.5	≤ 5.5	≤ 5.0	≤ 4.0	≤ 4.0
	0.2	≤ 6.5	≤ 6.0	≤ 5.0	≤ 4.0	≤ 4.0
$K \leq 1.0$, $D \geq 2.5$ 或 $K \leq 0.7$	0.9	≤ 6.5	≤ 6.5	≤ 4.0	≤ 2.5	—
	0.8	≤ 6.5	≤ 6.5	≤ 5.0	≤ 3.5	≤ 2.5
	0.7	≤ 6.5	≤ 6.5	≤ 5.5	≤ 4.5	≤ 3.5
	0.6	≤ 6.5	≤ 6.5	≤ 6.0	≤ 5.0	≤ 4.0
	0.5	≤ 6.5	≤ 6.5	≤ 6.5	≤ 5.0	≤ 4.5
	0.4	≤ 6.5	≤ 6.5	≤ 6.5	≤ 5.5	≤ 5.0
	0.3	≤ 6.5	≤ 6.5	≤ 6.5	≤ 5.5	≤ 5.0
	0.2	≤ 6.5	≤ 6.5	≤ 6.5	≤ 6.0	≤ 5.5

夏热冬暖南区居住建筑建筑物外窗平均综合遮阳系数限值　　表4-2

建筑物外墙平均 ($\rho \leq 0.8$)	外窗的综合遮阳系数 S_w				
	平均窗墙面积比 $C_M \leq 0.25$	平均窗墙面积比 $0.25 < C_M \leq 0.3$	平均窗墙面积比 $0.3 < C_M \leq 0.35$	平均窗墙面积比 $0.35 < C_M \leq 0.4$	平均窗墙面积比 $0.4 < C_M \leq 0.45$
$K \leq 2.0$, $D \geq 3.0$	≤ 0.6	≤ 0.5	≤ 0.4	≤ 0.4	≤ 0.3
$K \leq 1.5$, $D \geq 3.0$	≤ 0.8	≤ 0.7	≤ 0.6	≤ 0.5	≤ 0.4
$K \leq 1.0$, $D \geq 2.5$ 或 $K \leq 0.7$	≤ 0.9	≤ 0.8	≤ 0.7	≤ 0.6	≤ 0.5

注：ρ 为外墙外表面的太阳辐射吸收系数。

寒冷地区公共建筑围护结构传热系数和遮阳系数限值　　表4-3

围护结构部位	体型系数 ≤ 0.3 传热系数 K [W/(m²·K)]	$0.3 \leq$ 体型系数 ≤ 0.4 传热系数 K [W/(m²·K)]
屋面	≤ 0.55	≤ 0.45
外墙（包括非透明幕墙）	≤ 0.60	≤ 0.50
底面接触室外空气的架空或外挑楼板	≤ 0.60	≤ 0.50
非采暖空气调节房间与采暖空气调节房间的隔墙或楼板	≤ 1.5	≤ 1.5

续表

围护结构部位		体型系数 ≤ 0.3 传热系数 K [W/(m²·K)]		0.3 ≤ 体型系数 ≤ 0.4 传热系数 K [W/(m²·K)]	
外窗（包括透明幕墙）		传热系数 K [W/(m²·K)]	遮阳系数 SC（东、南、西向/北向）	传热系数 K [W/(m²·K)]	遮阳系数 SC（东、南、西向/北向）
单一朝向外窗（包括透明幕墙）	窗墙面积比 ≤ 0.2	≤ 3.5	—	≤ 3.0	—
	0.2 < 窗墙面积比 ≤ 0.3	≤ 3.0	—	≤ 2.5	—
	0.3 < 窗墙面积比 ≤ 0.4	≤ 2.7	≤ 0.70/—	≤ 2.3	≤ 0.70/—
	0.4 < 窗墙面积比 ≤ 0.5	≤ 2.3	≤ 0.60/—	≤ 2.0	≤ 0.60/—
	0.5 < 窗墙面积比 ≤ 0.7	≤ 2.0	≤ 0.50/—	≤ 1.8	≤ 0.50/—
屋顶透明部分		≤ 2.7	≤ 0.50	≤ 2.7	≤ 0.50

注：有外遮阳时，遮阳系数 = 玻璃的遮阳系数 × 外遮阳的遮阳系数；无外遮阳时，遮阳系数 = 玻璃的遮阳系数。

夏热冬冷地区公共建筑围护结构传热系数和遮阳系数限值　　表 4-4

围护结构部位		传热系数 K [W/(m²·K)]	
屋面		≤ 0.70	
外墙（包括非透明幕墙）		≤ 1.0	
底面接触室外空气的架空或外挑楼板		≤ 1.0	
外窗（包括透明幕墙）		传热系数 K [W/(m²·K)]	遮阳系数 SC（东、南、西向/北向）
单一朝向外窗（包括透明幕墙）	窗墙面积比 ≤ 0.2	≤ 4.7	—
	0.2 < 窗墙面积比 ≤ 0.3	≤ 3.5	≤ 0.55/—
	0.3 < 窗墙面积比 ≤ 0.4	≤ 3.0	≤ 0.50/0.60
	0.4 < 窗墙面积比 ≤ 0.5	≤ 2.8	≤ 0.45/0.55
	0.5 < 窗墙面积比 ≤ 0.7	≤ 2.5	≤ 0.40/0.50
屋顶透明部分		≤ 3.0	≤ 0.40

注：有外遮阳时，遮阳系数 = 玻璃的遮阳系数 × 外遮阳的遮阳系数；无外遮阳时，遮阳系数 = 玻璃的遮阳系数。

夏热冬暖地区公共建筑围护结构传热系数和遮阳系数限值　　表 4-5

围护结构部位		传热系数 K [W/(m²·K)]	
屋面		≤ 0.90	
外墙（包括非透明幕墙）		≤ 1.5	
底面接触室外空气的架空或外挑楼板		≤ 1.5	
外窗（包括透明幕墙）		传热系数 K [W/(m²·K)]	遮阳系数 SC（东、南、西向/北向）
单一朝向外窗（包括透明幕墙）	窗墙面积比 ≤ 0.2	≤ 6.5	—
	0.2 < 窗墙面积比 ≤ 0.3	≤ 4.7	≤ 0.50/0.60
	0.3 < 窗墙面积比 ≤ 0.4	≤ 3.5	≤ 0.45/0.55
	0.4 < 窗墙面积比 ≤ 0.5	≤ 3.0	≤ 0.40/0.50
	0.5 < 窗墙面积比 ≤ 0.7	≤ 3.0	≤ 0.35/0.45
屋顶透明部分		≤ 3.5	≤ 0.35

注：有外遮阳时，遮阳系数 = 玻璃的遮阳系数 × 外遮阳的遮阳系数；无外遮阳时，遮阳系数 = 玻璃的遮阳系数。

三、根据该工程的遮阳系数要求，进行夏季和冬季的阳光阴影分析，确定适合的遮阳形式（内遮阳或外遮阳），并进行热工计算以验证一下当初选择的遮阳形式能否满足要求。

四、如选择外遮阳形式，根据工程设置遮阳的部位、朝向、高度、当地气候条件、工程的经济条件，结合各种遮阳装置的特点及适用条件，确定遮阳装置的形式（固定或活动、土建一体化或产品）及设计方案。

五、对于幕墙上的外遮阳装置（包括采光顶上的遮阳装置），设计院应提出遮阳设计的要求，包括遮阳装置的构造形式、热工设计及遮阳系数计算、结构安全、电气安全等方面的要求，由幕墙公司作深化设计，经设计院确认其遮阳设计方案符合要求后方可施工。

六、对于建筑外窗上且与建筑一体化的遮阳构件（如混凝土遮阳构件），建筑专业还需要做以下工作：

1. 建筑专业应与热工专业配合，进行遮阳系数及节能设计计算，计算结果应满足该工程的遮阳及节能设计要求；

2. 根据遮阳及节能设计要求，确定遮阳装置设置的部位、形式、尺寸大小，提交结构专业进行结构设计；

3. 当遮阳装置为造型较复杂的构件时，需画详细的放大图，标注详细的尺寸、构件做法、外装饰材料等，以便施工时加工生产；

4. 根据工程的节能要求、立面形式等要求，做遮阳装置及与所在主体建筑部位周边联系的细部构造节点图，如遮阳装置的保温构造、防排雨水做法；

5. 当选用钢筋混凝土遮阳预制构件时，应与结构专业密切配合，出具与主体结构安全连接的细部节点构造图及必要的说明。

七、对于建筑外窗上与建筑一体化的遮阳产品应用，建筑专业在设计环节还需要注意以下内容：

1. 根据遮阳及节能设计要求、《建筑遮阳工程技术规范》JGJ 237 及相关遮阳产品标准、工程自身特点等（新建或改建、高层或低层等），选择适宜的遮阳产品；

2. 建筑专业应与热工专业配合，作遮阳系数及节能设计计算，计算结果应满足该工程的遮阳及节能设计要求；

3. 根据立面形式及遮阳装置设置的部位，结合遮阳产品的特点，确定遮阳产品的规格尺寸、厚度、材料性能、力学性能、遮阳方式（固定或活动）、控制方式（手动、电动或智能）等；

4. 根据工程围护结构形式，确定连接方案，并画细部构造节点图，以确保遮阳产品安装构造牢固、结构安全、耐久美观，且不破坏建筑其他方面的要求；

5. 预留孔洞（砌体墙超过 200mm×200mm）、预埋件的大小、位置等应在图或说明中表达清楚；

6. 考虑遮阳产品的维修、清洁与更换。

2.2 建筑门窗玻璃幕墙热工设计的内容

一、首先应根据建筑节能设计提出的要求，建筑门窗幕墙专业设计人员需按照《建筑门窗玻璃幕墙热工计算规程》JGJ/T 151，采用相应的模拟计算软件（如粤建科 MQMC 软件）进行整窗和玻璃幕墙的热工性能计算，并将计算结果提交到建筑设计院，供建筑设计院进行遮阳设计时使用。计算案例见附录 A。门窗幕墙热工计算步骤如下：

1. 按照《民用建筑热工设计规范》GB 50176 的相关规定，根据工程所在地气候参数，确定计算条件边界条件；
2. 使用模拟计算软件进行玻璃系统传热系数、遮阳系数、可见光透射比等光学热工性能参数计算，确定玻璃系统的结构组成、型号等；
3. 使用模拟计算软件进行框二维有限元分析计算，计算框的传热系数、线传热系数、框太阳框总透射比等；
4. 使用模拟计算软件进行整窗和整幅玻璃幕墙传热系数、遮阳系数、可见光透射比等计算；
5. 各建筑朝向外窗（包括玻璃幕墙）的传热系数、遮阳系数、可见光透射比计算。

二、根据建筑设计院提出的遮阳设计方案，玻璃幕墙设计单位应对遮阳方案进行深化设计，主要内容包括：
1. 遮阳系统与幕墙、门窗结合之后的热工与节能设计、计算；
2. 遮阳装置的材性、规格尺寸、颜色、耐久性，配套的机械装置、预埋件等；
3. 与主体建筑连接的构造节点设计；
4. 考虑遮阳装置的维修、清洁与更换方案。

2.3 建筑热工设计计算

遮阳装置的类型、尺寸、调节范围、调节角度、材料光学性能要求（太阳辐射反射比、透射比，可见光透射比等）应通过建筑设计和节能计算确定，而这其中最为重要的是遮阳系数的计算。只有遮阳系数满足要求，其他性能指标才再进行计算确定。

一、建筑外遮阳形式

外遮阳按遮阳构件安装位置，可分为水平式、垂直式、综合式、挡板式四种基本形式，可根据表 4-6 来选择遮阳形式。

外遮阳技术要点及适用范围　　　　　表 4-6

类型	简图	技术要点	适用范围
水平式	水平式	太阳高度角较大时，能有效遮挡从窗口前上方投射下来的直射阳光。 水平式遮阳有实心板和百叶板等多种形式，设计时应考虑遮阳板挑出长度、位置，百叶板应考虑其角度、间距等，既保证遮挡夏季直射阳光，同时减少对寒冷季节直射阳光的遮挡	宜布置在北回归线以北地区南向及接近南向的窗口、北回归线以南地区的南向及北向窗口
垂直式	垂直式	太阳高度角较小时，能有效遮挡从窗侧面斜射过来的直射阳光。 当垂直式遮阳布置于东、西向窗口时，板面应向南适当倾斜	宜布置在北向、东北向、西北向附近的窗口
综合式	综合式	能有效遮挡从窗前侧向斜射下来的直射阳光，遮阳效果比较均匀	宜布置在从东南向到西南向范围内的窗口

续表

类型	简图	技术要点	适用范围
挡板式	挡板式	能有效遮挡从窗口正前方射来的直射阳光。挡板式遮阳使用时应减少对视线、通风的干扰，常见的形式有花格式、百叶式、收放遮阳帘式、吸热玻璃式等	宜布置在东、西向及其附近方向的窗口

二、建筑遮阳系数计算

1. 水平遮阳板和垂直遮阳板的外遮阳系数计算

水平遮阳板和垂直遮阳板的外遮阳系数计算按以下方法简化计算：

水平遮阳板：

$$SD_H = a_h PF^2 + b_h PF + 1 \tag{4-1}$$

垂直遮阳板：

$$SD_V = a_v PF^2 + b_v PF + 1 \tag{4-2}$$

式中　　SD_H——水平遮阳板夏季外遮阳系数；

　　　　SD_V——垂直遮阳板夏季外遮阳系数；

a_h、b_h、a_v、b_v——计算系数，见表4-7；

　　　　PF——遮阳板外挑系数，为遮阳板外挑长度A与遮阳板根部到窗对边距离B之比，如图4-1所示，按公式（4-3）计算。当计算出的$PF > 1$时，取$PF=1$。

$$PF = \frac{A}{B} \tag{4-3}$$

图4-1　遮阳板外挑系数（PF）计算示意

各朝向水平和垂直外遮阳的计算系数　　表4-7

气候区	遮阳装置	计算系数	东	东南	南	西南	西	西北	北	东北
寒冷地区	水平遮阳板	a_h	0.35	0.53	0.63	0.37	0.35	0.35	0.29	0.52
		b_h	-0.76	-0.95	-0.99	-0.68	-0.78	-0.66	-0.54	-0.92
	垂直遮阳板	a_v	0.32	0.39	0.43	0.44	0.31	0.42	0.47	0.41
		b_v	-0.63	-0.75	-0.78	-0.85	-0.61	-0.83	-0.89	-0.79

续表

气候区	遮阳装置	计算系数	东	东南	南	西南	西	西北	北	东北
夏热冬冷地区	水平遮阳板	a_h	0.35	0.48	0.47	0.36	0.36	0.36	0.30	0.48
		b_h	−0.75	−0.83	−0.79	−0.68	−0.76	−0.68	−0.58	−0.83
	垂直遮阳板	a_v	0.32	0.42	0.42	0.42	0.33	0.41	0.44	0.43
		b_v	−0.65	−0.80	−0.80	−0.82	−0.66	−0.82	−0.84	−0.83
夏热冬暖地区	水平遮阳板	a_h	0.35	0.42	0.41	0.36	0.36	0.36	0.32	0.43
		b_h	−0.73	−0.75	−0.72	−0.67	−0.72	−0.69	−0.61	−0.78
	垂直遮阳板	a_v	0.34	0.42	0.41	0.41	0.36	0.40	0.32	0.43
		b_v	−0.68	−0.81	−0.72	−0.82	−0.72	−0.81	−0.61	−0.83

注：其他朝向的计算系数按上表中最接近的朝向选取。

2. 综合式遮阳的外遮阳系数计算

综合式遮阳的外遮阳系数值应取水平遮阳板和垂直遮阳板的外遮阳系数的乘积。

3. 挡板遮阳（包括花格等）的外遮阳系数按下式计算：

$$SD = 1 - (1-\eta)(1-\eta^*) \tag{4-4}$$

式中 η——挡板轮廓透光比。为窗洞口面积减去挡板轮廓由太阳光线投影在窗洞口上所产生的阴影面积后的剩余面积与窗洞口面积的比值。

挡板各朝向的轮廓透光比应按该朝向上的4组典型太阳光线入射角，采用平行光投射方法分别计算或实验测定，其轮廓透光比应取4个透光比的平均值。典型太阳入射角可按表4-8选取。

典型的太阳光线入射角（°）　　　　表4-8

窗口朝向	南				东、西				北			
	1组	2组	3组	4组	1组	2组	3组	4组	1组	2组	3组	4组
太阳高度角	0	0	60	60	0	0	45	45	0	30	30	30
太阳方位角	0	45	0	45	75	90	75	90	180	180	135	−135

η^*——挡板构造透射比。典型遮阳材料和构造的透射比（η^*）可按表4-9规定确定。

遮阳板的透射比　　　　表4-9

遮阳板使用的材料	规格	η
织物面料	浅色	0.4
玻璃钢类板	浅色	0.43
玻璃、有机玻璃类板	深色：$0 < SC_g \leq 0.6$	0.6
	浅色：$0.6 < SC_g \leq 0.8$	0.8

续表

遮阳板使用的材料	规格	η
金属穿孔板	开孔率：$0<\varphi\leq 0.2$	0.1
	开孔率：$0.2<\varphi\leq 0.4$	0.3
	开孔率：$0.4<\varphi\leq 0.6$	0.5
	开孔率：$0.6<\varphi\leq 0.8$	0.7
铝合金百叶板	—	0.2
木质百叶板	—	0.25
混凝土花格	—	0.5
木质花格	—	0.45

4. 建筑幕墙的水平遮阳和垂直遮阳板的外遮阳系数可参照公式（4-1）、式（4-2）计算，但是需要注意遮阳构造尺寸 A、B、C 应按图 4-2 定义。一般情况下，遮阳板叶是非漏空的且板叶与玻璃的间距很小，挡板部分的轮廓透光比 η 可以近似取为 1。

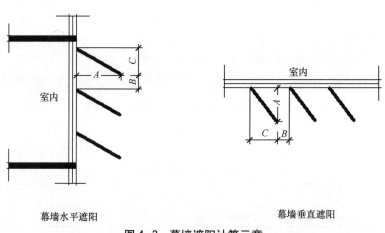

图 4-2 幕墙遮阳计算示意

5. 与门窗幕墙平行的遮阳装置的遮阳系数计算

平行于并完全覆盖透明围护结构的遮阳装置的遮阳系数可根据现行业标准《建筑门窗玻璃幕墙热工计算规程》JGJ/T 151 的规定计算。

6. 建筑外遮阳系数的详细计算

建筑外遮阳系数的详细计算应采用相应的模拟计算软进行计算。软件必须能够实现以下功能：

1）可以按照直射和散射，进行全年的太阳辐射数据分析和计算，可计算太阳轨迹图、太阳辐射及朝向太阳辐射总量的计算，从而计算全年某一时刻的遮阳系数；

2）进行全年太阳光入射门窗或幕墙的计算，模拟计算任一遮阳形式的遮阳性能，得到冬季和夏季两个季节的遮阳系数。

2.4 结构安全设计

外遮阳装置必须与建筑主体结构可靠连接，对于中高层、高层、超高层建筑以及大跨度等特殊建筑的外遮阳装置及其安装连接应进行专项结构设计。大型遮阳装置的风压试验、结构试验的实体试验应在设计完成后按照相应的标准进行，通过以后结构设计才算完成。

一、根据建筑专业提供的遮阳形式，结合所安装的建筑部位，做相应的结构设计，使之符合现行《建筑抗震设计规范》GB 50011、《建筑结构荷载规范》GB50009 的有关规定。

二、对于安装外遮阳装置的建筑，应对遮阳装置做抗风、抗风振、抗地震承载力进行验算。

三、对于非结构构件的外遮阳装置，应根据所属建筑的抗震设防类别和非结构地震破坏的后果及其对整个建筑结构影响的范围，确定抗震措施设计方案。

四、确定与主体结构的连接方式、连接件的材性要求、规格尺寸、位置及必要的构造节点设计图。

五、对于尺寸在 4m 以上的特大型外遮阳装置，当系统复杂难以通过计算判断其安全性能时，应通过风压试验或结构试验，用实体试验检验其系统的安全性能。

2.5 电气

活动遮阳装置如采用电动，则建筑遮阳装置需要进行电气设计。室外的金属遮阳装置需要进行防雷设计。活动遮阳装置的电气设计包括驱动系统设计、控制系统设计、机械系统设计和安全设计等内容。

一、根据建筑专业提供的遮阳形式，做相应的电气设计，使之符合现行《民用建筑电气设计规范》JGJ16、《建筑防雷设计规范》GB50057 的有关规定。

二、根据遮阳形式、建筑使用功能特点、气候特点、经济条件等因素，选择适宜的电动机系统、控制方式；确定电动机的防护等级、连接电缆的材料及敷设方式等。

三、根据电动机供电电压、功率、数量、控制方式，确定电动机用电负荷、供电系统、控制系统等，绘制必要的系统设计图。

四、确定电动机、接线盒、控制箱（开关）等的安装位置。

五、对于外遮阳装置，应进行防雷设计，确保其安全。

第 3 节 建筑遮阳构造

附加在主体建筑围护结构上的遮阳装置，以及外遮阳装置与主体建筑的连接构造设计应按照结构设计的要求，采用本节的相应构造。

3.1 附加于外墙上的外遮阳装置

一、土建一体化式的外遮阳构造

1. 根据工程的遮阳、节能设计要求、朝向等因素，确定遮阳板尺寸大小、出挑长度、安置的高度及方式。

2. 根据工程所在地区抗震设防要求、工程特点、遮阳板设置的位置等因素进行结构设计。若为现浇混凝土遮阳板，因其与建筑主体围护承重结构为一整体，因此，作主体结构设计时，将其与主体结构梁或柱同步设计；若为预制构件式的遮阳板（见图4-3），因其需要与建筑承重结构相连接，作主体结构设计时，还需对其与主体承重结构的连接方式做统一设计，并出结构的连接构造详图。若是使用在幕墙外的遮阳装置，还需幕墙公司出具详细的构造节点大样图。

图4-3 预制构件式的遮阳板

3. 根据工程所在地的节能要求、气候特点、建筑的使用特点等，对遮阳板进行相关建筑构造设计。如：保温、防（排）水、外装修材料等。现以建筑外墙上的现浇钢筋混凝土水平遮阳板为例，构造示意见图4-4。

二、产品类外遮阳构造

该类遮阳的特点是成品外遮阳装置附加在建筑外围护墙体上，因此一般像安装门窗一样考虑其与主体建筑的构造关系。

根据产品自身的规格尺寸、构造、安装特点，考虑附着墙体自身的构造（墙体材料、有无外保温、承重体系）、

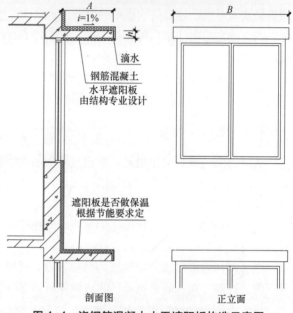

图4-4 浇钢筋混凝土水平遮阳板构造示意图

所在墙体的固定位置，工程所在地的节能要求、气候特点、建筑的使用特点，产品检修与维护等因素，进行构造设计，使其满足国家或地方对建筑外墙及外装修的相关技术要求。

以卷帘类外遮阳产品为例，构造特点：

1. 卷帘类遮阳产品需与主体建筑连接的构件主要有：卷帘盒、导轨。
2. 附着基层墙体种类有：有外保温墙体、无外保温墙体、幕墙。
3. 卷帘盒与墙体相对位置关系：明装、嵌装、暗装。

1) 明装式（外挂）（见图4-5）

适用于新建、改建、扩建建筑的外遮阳工程。安装时不应破坏墙体的外保温、外装修饰面、防水等，但要考虑产品的维护、清洁等。

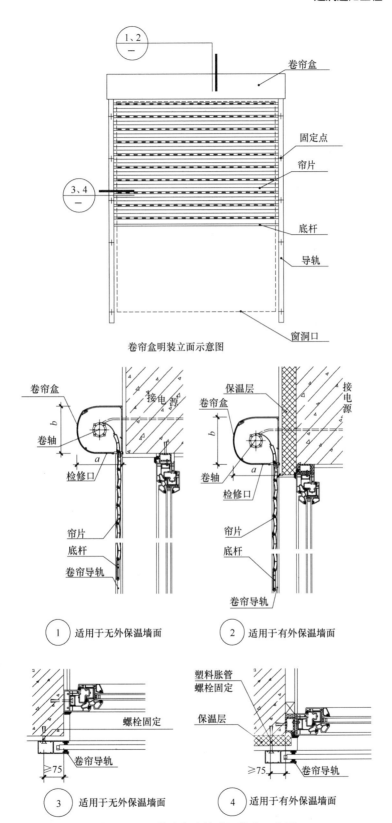

图4-5 明装式卷帘外遮阳构造示意图

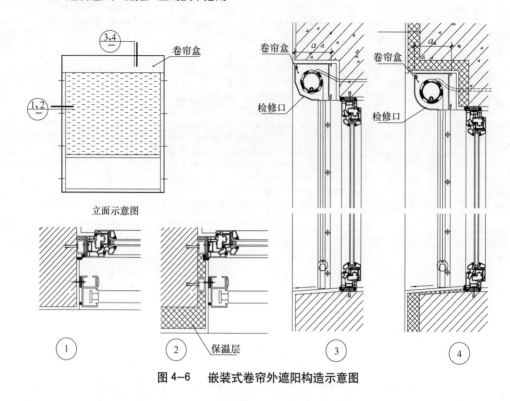

图 4-6 嵌装式卷帘外遮阳构造示意图

2) 嵌装式（半外挂）（见图 4-6）

适用于新建、改建、扩建建筑的外遮阳工程。但在改建项目上使用时，应考虑系统中的卷帘盒对窗口的采光会有一定的影响。安装时不应破坏墙体及窗洞口的外保温、外装修饰面、防水等，但要考虑产品的维护、清洁等。

3) 暗装式

适用于新建、扩建建筑的外遮阳工程，不适用于改建工程。因遮阳系统要暗藏于墙体内，当系统中的卷帘盒占据了一部分墙体空间时，还要考虑其满足墙体的节能、防火、隔声等要求，卷帘盒自身要考虑具有一定的保温能力。

3.2 附加于采光顶上的遮阳装置

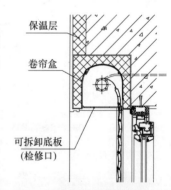

图 4-7 暗装式卷帘外遮阳构造示意图

根据产品自身的规格尺寸、构造、安装特点，考虑附着采光顶自身的构造、所在采光顶的固定位置，工程所在地的节能要求、气候特点、建筑的使用特点，产品检修与维护等因素，进行构造设计，使其满足国家或地方对建筑采光顶及外装修的相关技术要求。

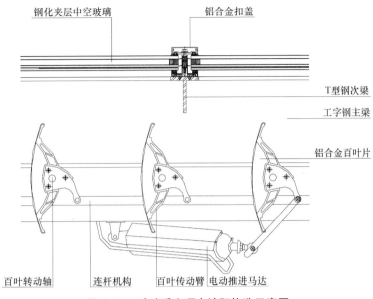

图 4-8　玻璃采光顶内遮阳构造示意图

一、内遮阳

其构造除应满足建筑室内空间的功能、视觉艺术等方面的要求外，还应考虑安装牢固（与采光顶承重体系相连接）、防火、维修方便等方面的要求。现以玻璃采光顶内遮阳为例，构造示意见图 4-8。

二、外遮阳

其构造除应满足安装牢固（与采光顶承重体系相连接）、防火、维修方便等方面的要求外，还要结合屋顶排雨水、抗风雪的要求，进行构造设计。玻璃采光顶外遮阳见图 4-9。

图 4-9　玻璃采光顶外遮阳照片

第4节 遮阳工程施工安装要求

遮阳装置施工应在遮阳装置的锚固点施工完成，且其他建筑土建施工已经完成后进行。大型遮阳装置的风压试验、结构试验的实体试验应按照相应的标准试验完成。

一、遮阳工程施工方案是施工的指导性文件，应包括下列内容：

1. 工程施工组织设计、施工范围说明、工程进度计划、材料供应计划、施工组织计划、质量控制计划、成本管理计划、变更需求计划及安装调试计划。

2. 进场材料和产品的复验、堆放和保护。遮阳工程使用的材料、构件等进场时，应对遮阳材料的光学性能、遮阳装置的热舒适性和视觉舒适性能进行复验，复验应为见证取样送检。

3. 与主体结构施工、设备安装、装饰装修的协调配合。

4. 遮阳设施的组装、安装程序及质量控制。

5. 遮阳产品部件和附件的现场搬运、吊装方案。

6. 安全、文明施工及环保措施。

7. 施工过程及竣工验收。

二、遮阳工程开工前，遮阳施工单位应会同土建施工单位检查现场条件、脚手架、起重、吊装、运输、设备、电源情况，准确测量定位基准线，确保具备遮阳施工条件。

三、应按照设计方案检查预留孔洞及安装遮阳装置所需的管线、埋件是否符合要求。这些要求包括安装位置、尺寸等，预埋件应在主体结构施工时按设计要求的位置与方法埋设；如预埋件位置偏差过大或未设预埋件时，应协商解决，并制定书面文件。

四、遮阳组件装卸和运输过程中避免摩擦冲击，应保证遮阳组件完好，表面不受损伤。起吊遮阳组件时，应保持起吊全过程平稳。

五、遮阳产品和建筑固连时必须牢固，外遮阳系统应优先设计预埋件连接。遇金属框架，可以采用焊接、螺栓、抱箍、结构延伸等方式连接。对螺栓、抱箍等材料的厚度及强度要经过计算复核，如颜色要与整体同色时，其表面可作氟碳喷涂处理。遇混凝土结构可以采用膨胀螺栓连接，其穿越保温材料进入基础墙体深度应大于40mm。遇砖墙结构，不宜安装大型外遮阳设施。

六、遮阳产品多幅安装固定后的偏差应符合表4-10的要求。

七、电气安装应按照线路设计安装，检查线路应连接正确。线路接头应进行绝缘保护。

八、在遮阳装置安装完成隐蔽工程及各分项工作完成后，应进行部分运行和整体运行调试，竣工时应作整体试运转。

九、遮阳安装施工应符合行业标准《建筑施工高处作业安全技术规范》JGJ80，《建筑机械使用安全技术规程》JGJ33和《施工现场临时用电安全技术规范》JGJ46的有关规定。

多幅遮阳产品安装允许偏差　　　　表4-10

项目	与设计位置偏差	多幅遮阳实际间隔与设计间隔偏离
允许偏差（mm）	±5	±5

第5节　遮阳工程的验收

建筑遮阳工程是建筑节能工程的一部分，其验收应符合《建筑节能工程施工质量验收规范》GB 50411 的相关规定。建筑遮阳工程也是装饰工程的一部分，验收也应该符合《建筑装饰装修工程质量验收规范》GB 50210 的相关规定。

5.1　遮阳工程项目验收的分类

一、工程分项验收

遮阳工程在某一阶段工程结束或某一分项工程完工后，由施工方会同业主方、总包方和监理方进行的工程验收。

二、工程中间验收

因建筑工程停建或因现场各种原因造成遮阳工程项目无法按合同继续施工，可由业主方或总包方提出，经与施工方协商同意，就已完成施工的遮阳项目进行的工程验收。

三、工程完工验收

按照项目合同对遮阳工程安装、调试、运行等进行一次综合性的检查验收，同时移交相关技术文件，作为遮阳工程的竣工验收。遮阳项目通过工程完工验收后，就可移交业主投入正式使用。

四、验收前，均应由施工单位自行检查有关的技术资料、工程质量，进行预验收，发现问题后及时处理。完工验收工作应由业主或总包方负责组织，由施工单位以及有关人员共同进行。

5.2　工程验收应提交的文件

工程施工单位应提供的相关资料如下：

1.《工程项目报验申请表》；
2. 设备清单：遮阳产品的名称、规格、型号、数量；
3. 电机及控制元器件供应商应提供进口材料报关单、产地证明、质量保证书、3C 认证等国家或行业强制性检测报告等；
4. 遮阳面料供应商应提供面料成分、开孔率、紫外线阻挡率等技术资料，以及防火等级、质量保证书等国家或行业强制性检测报告；若系进口材料还必须提供进口报关单、产地证明等；
5. 铝型材供应商应提供质量保证书、产品合格证、原材料等国家或行业强制性检测报告等；
6. 电器控制原理图；
7.《产品合格证》；
8.《工程质保书》。

5.3 工程验收过程图

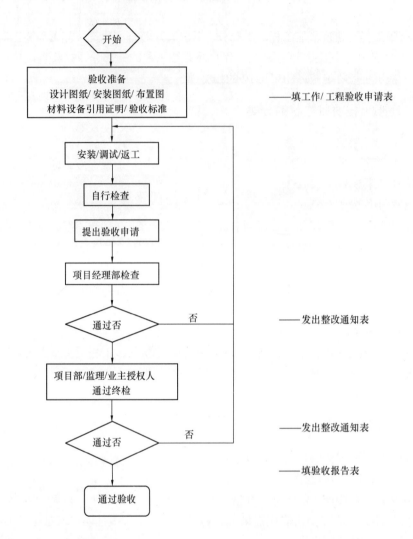

5.4 遮阳工程验收过程说明

一、邀请与项目相关的单位：项目甲方、施工总包、监理单位、装修单位、使用单位、机电单位等共同验收；

二、确认所使用产品与工程项目封样产品电机、面料、铝材等一致性；

三、按照合同所制定的产品清单，核查产品型号、规格尺寸、数量等；

四、按照《质量验收标准》进行质量验收，并在《分项工程质量验收记录表》进行记录备案；

五、验收主要内容为产品部分、面料部分、控制部分、使用效果；

六、验收结果进行多方签字确认；

七、验收资料格式正确，符合存档标准；

八、验收资料整理交付业主。

第6节　遮阳工程的维护

安全检查，活动部位保养，清洁，维护中的人身安全。

一、遮阳工程竣工验收时，遮阳工程施工单位应向业主提供《遮阳产品使用说明书》，其中应包括下列内容：

1. 遮阳装置的主要性能参数以及保用年限；
2. 遮阳装置使用方法及注意事项；
3. 日常与定期的维护、保养要求；
4. 遮阳装置易损零部件的更换方法；
5. 供应商的保修责任。

二、除有特别约定，保修期为一年。在保修期范围内，凡是产品质量问题或施工所造成的问题，遮阳工程施工单位负责免费修理，若产品未按照产品说明书要求使用受到人为的损坏，遮阳工程施工单位负责修理，费用由损坏人负责。

三、工程竣工交付使用后，由遮阳工程施工单位及时与业主或物业管理公司签订保修期维修协议，根据保修期维修协议，遮阳施工单位定期回访，了解产品使用过程中存在的不足或需要改进之处。有维修协议的，业主来电、来信，遮阳工程施工单位应立即组织人员及时回访解决，并进行雨季回访、台风季节回访、冬季回访和技术性回访。

四、超过保修期限，施工单位和客户可继续签订维修保养协议。不再签订协议的，业主与物业管理公司应根据《遮阳产品使用说明书》的相关要求及时制订遮阳装置的维护计划、定期进行保养维护定期检查，发现问题，与施工单位联系，施工单位应继续进行售后服务。

五、灾害天气前应对外遮阳装置进行防护，灾害天气后应对外遮阳装置进行检查。

第5章 建筑遮阳推广应用

我国是一个能源短缺大国，也是一个能源消耗大国。在所有能源消耗中，建筑能耗占到了全社会能耗的30%，是三大终端用能领域之一，建筑节能是我国节能的重要组成部分。建筑遮阳是建筑节能的重要手段，也是住房和城乡建设部非常重视的工作。本章就建筑遮阳的应用前景、推广应用措施、推广应用实施办法等作了详细的介绍，希望能指导建筑遮阳产品的推广应用。

第1节 应用前景分析

我国是一个能源短缺大国,也是一个能源消耗大国。在所有能源消耗中,建筑能耗占到了全社会能耗的30%,是三大终端用能领域之一。近年来,建筑业始终保持高速发展,每年房屋建筑竣工面积达到20亿平方米,与此相对应的建筑能耗也在不断扩大。建筑物的能源需求,对资源和环境带来了巨大的压力,在应对全球气候变化与能源紧缺的大背景下,建筑节能刻不容缓。

针对建筑节能,国家给予了高度的重视,根据《节能中长期专项规划》要求,在"十一五"期间,我国建筑节能要实现1.2亿吨标准煤的节能目标。由于建筑节能涉及了各方面的市场主体,技术和管理环节复杂,同时建筑节能的公益性非常强,要有效地推动建筑节能需要良好的政策环境和节能政策长效机制。因此,我国政府及相关主管部门制定了一系列的法规和政策,包括法律法规、政策管理文件和节能标准、节能技术规范等,以强制或激励等方式加大对建筑节能行业的政策扶持,为建筑节能领域开创了良好的政策环境,并取得了显著的工作成效。不但提高了建筑节能在我国节能工作中的地位,扩大了建筑节能工作的深度和广度,而且促进了节能技术的研究开发和产业化,提高了可再生能源在建筑领域的利用,为"十一五"期间的节能减排目标,以及建立资源节约型、环境友好型社会打下了坚实的基础。

建筑遮阳作为建筑节能的有效方式之一,它通过在建筑外围护结构上安装遮阳设施进行调节室内光热环境,降低建筑运行能耗,具有工程造价较低、节能效果明显等优势,适用于夏热冬暖地区和夏热冬冷地区及其他夏季阳光强烈地区的既有建筑节能改造和新建建筑的节能建设。建筑遮阳技术最初在我国以遮阳篷、卷帘等形式存在。2005年,在《公共建筑节能设计标准》GB50189发布以后,建筑遮阳产品在公共建筑中得到快速推广应用,同时带动了住宅建筑遮阳和遮阳产业的发展,主要表现在遮阳技术应用量持续增大,建筑遮阳产业形成了基本的产业链。

随着国家推进建筑节能工作的不断深入,建筑节能设计标准的不断提高和公众节能意识的增强,建筑遮阳节能市场巨大,同时建筑遮阳技术自身不断发展,产业链和遮阳技术标准不断完善,满足市场的技术需求。因此建筑遮阳技术推广潜力巨大,必将为建筑节能贡献应有的力量。

1.1 现有政策

我国的建筑节能工作开始于20世纪80年代,基本上分为两阶段,第一阶段:建筑节能工作主要在北方地区开展,工作以试点示范、相关节能技术研发、制定北方地区建筑节能标准等方面为主。第二阶段:建筑节能工作逐步展开,形成覆盖全国三个气候区、包括居住和公共建筑的标准体系。

为进一步加强能源、资源的节约,推动节能技术的进步,国家出台了多部的法律法规,包括《节约能源法》、《民用建筑节能条例》等法规,另外国家发改委、财政部、住房城乡建设部、国家标准委等相关部门,也陆续出台了包括行政、经济手段在内的多个相关的文件和配套法规,为建筑节能创造良好的政策环境,以促进新建建筑节能建设和既有建筑节能改造。

一、法律法规

1.《中华人民共和国节约能源法》

2007年10月28日，新修订的《中华人民共和国节约能源法》经第十届全国人表大常务委员会通过，于2008年4月1日起施行。该法案主要目标是为了推动全社会节约能源，提高能源利用效率，保护和改善环境，促进经济社会全面协调可持续发展。同时《中华人民共和国节约能源法》把建筑节能作为独立的章节列出，对建筑节能工作提出明确的要求。

《中华人民共和国节约能源法》作为一个框架性法律，一方面它的有效实施有赖于国务院及其有关部门适时出台配套的实施细则，另一方面它是相关节能法规的法律基础。在实际实施过程中，为保证《中华人民共和国节约能源法》的有效执行，相关部门依据《中华人民共和国节约能源法》的基本要求，出台了一系列配套的法规和实施办法。

2.《中华人民共和国可再生能源法》

2005年2月28日，《中华人民共和国可再生能源法》经第十届全国人大常务委员会第十四次会议通过，正式颁布，2009年12月，十一届人大常务委员会第十二次会议通过了《中华人民共和国可再生能源法》修正法案。《中华人民共和国可再生能源法》是我国第一部关于可再生能源独立法律。该法案对促进可再生能源利用，增加能源供应，改善能源结构有重要的作用。《中华人民共和国可再生能源法》中对于建筑中应用可再生能源有相应的规定，这为推广可再生能源在建筑中应用提供了政策依据和手段。

二、部门行政法规和规章文件

1.《民用建筑节能条例》（第530号国务院令）

2008年7月23日，国务院第18次常务会议通过《民用建筑节能条例》，自2008年10月1日起施行。该条例主要针对当前新建建筑未全部达到节能标准，既有建筑节能改造进展困难，公共建筑耗电量大等情况出台的，希望通过立法手段，加强民用建筑节能管理，降低民用建筑能源消耗，提高能源利用效率。条例明确指出将采用资金支持、金融扶持、税收优惠等政策扶持和经济激励手段鼓励建筑节能。

《民用建筑节能条例》中第3章第28条提出"实施既有建筑节能改造，应当符合民用建筑节能强制性标准，优先采用遮阳、改善通风等低成本改造措施。"

2.《节能中长期专项规划》（发改环资 [2004] 2505号）

2004年11月发改委发布《节能中长期专项规划》，这是改革开放以来，我国制定的第一个节能中长期规划。规划提出："十一五"节能的重点领域是工业、交通运输、建筑、商用和民用；"十一五"期间，国家将组织实施十项节能重点工程。在建筑领域，新建建筑严格实施节能50%的设计标准，其中北京、天津等少数大城市率先实施节能65%的标准；并要加大建筑节能技术和产品的推广力度。

2005年，发改委正式启动了《节能中长期专项规划》中提出的十大重点节能工程，并于2006年发布了《关于印发"十一五"十大重点节能工程实施意见的通知》，提出制定鼓励节能的税收优惠政策，并每年安排一定的资金，用于支持十大重点节能工程中的重点项目和示范项目及高效节能产品的推广。

3.《中国节能技术政策大纲（2006年）》（发改环资 [2007] 199号）

为推动节能技术进步，提高能源利用效率，促进节约能源和优化用能结构，2007年1月25日国家发改委和科技部联合发布《中国节能技术政策大纲》，其中包括：工业节能、建筑节能、交通节能、城市与民用节能、农业及农村节能、可再生能源利用和保障措施。在建筑节能领域，要严格执行节能设计标准，积极开展既有建筑的节能改造，使建筑能耗大幅度降低。

在《大纲》3.2.2、3.2.3、3.2.4中提出，要研究发展绿化遮阳、通风遮阳式幕墙技术，推广窗户遮阳、发展活动外遮阳技术。

4.《民用建筑节能管理规定》（建设部令第143号）

《民用建筑节能管理规定》于2005年10月28日建设部部常务会议通过，并于2006年1月1日正式实施，该法鼓励民用建筑节能的科学研究和技术开发，推广应用节能型的建筑、结构、材料、用能设备和附属设施及相应的施工工艺、应用技术和管理技术。在设计、施工过程中，应当按照建筑节能标准的进行设计和施工，未按标准进行设计、施工的将给以一定的处罚。

5.《国务院关于加强节能工作的决定》（国发［2006］28号）

2006年8月6日，国务院颁布了《国务院关于加强节能工作的决定》，提出推动建筑节能，引导商业和民用节能，抓好农村节能，推动政府机构节能，全面实施重点节能工程；健全节能法律法规和标准体系，完善能效标识和节能产品认证制度，控制室内空调温度，加大节能监督检查力度。在建筑领域要大力发展节能省地型建筑，推动新建住宅和公共建筑严格实施节能50%的设计标准，直辖市及有条件的地区要率先实施节能65%的标准。

文中特别提到"发展改革委要会同有关部门抓紧制定《节能产品目录》，对生产和使用列入《节能产品目录》的产品，财政部、税务总局要会同有关部门抓紧研究提出具体的税收优惠政策。"

其他行政法规和规章文件例如：

① 《国务院批转节能减排统计监测及考核实施方案和办法的通知》（国发［2007］36号）；
② 《关于新建居住建筑严格执行节能设计标准的通知》（建科［2005］55号）；
③ 《关于发展节能省地型住宅和公共建筑的指导意见》（建科［2005］78号）；
④ 《建设部关于贯彻＜国务院关于加强节能工作的决定＞的实施意见》（建科［2006］231号）；
⑤ 《建设部建筑节能试点示范工程（小区）管理办法》（建科［2004］25号）；
⑥ 《关于印发〈绿色建筑评价标识管理办法〉（试行）的通知》（建科［2007］206号）等。

三、地方法规

根据《中华人民共和国节约能源法》和《民用建筑节能条例》要求，许多省市也出台了一些地方性法规，对建筑节能作了规定，推动新建建筑执行建筑节能强制性标准，既有建筑分步实施节能改造，如《北京市既有建筑节能改造项目管理办法》、《上海市建筑节能管理条例》、《山西省民用建筑节能条例》、《江苏省建筑节能管理办法》等地方性管理条例，这些地方性法规一般都是根据本地区建筑节能改造存在的问题和实际需要而制定的，对新建建筑节能、既有建筑节能、激励措施、法律责任等内容做了明确规定。

目前，我国已经制定了一系列关于建筑节能的法律法规和配套的实施细则，形成了建筑节能的法律框架体系，包括了建筑节能管理、节能评价方法以及建筑激励和监管措施，鼓励节能技术研究，加强节能技术的推广和利用，有力推动建筑节能发展。

建筑遮阳作为建筑节能的有效措施之一，对改善室内光热环境，降低建筑能耗有突出的效果。在已颁布实施的部分政策、法规中，明确提出要优先选用建筑遮阳技术和产品，例如《"十一五"推广应用和限制禁止使用技术（第一批）的公告》、《中国节能技术政策大纲（2006）》、《民用建筑节能条例》等法规。在一些地方性法规中也提出相同的要求，如《上海市建筑节能管理条例》中提出：为了降低建筑能耗、提高资源利用率，要求新的建筑必须采用建筑节能措施和使用遮阳产品。这些法律法规必将对促进建筑遮阳产品和技术的发展和推广起到推动作用。

1.2 技术基础

建筑遮阳技术在国外发达国家已经得到广泛使用，在我国，建筑遮阳技术已形成一定规模的产业链，技术相对成熟。在标准制定上，我国已经形成了一系列的建筑节能设计标准。针对建筑遮阳产品，我国从2006年起着手编制建筑遮阳行业的技术标准，并不断完善。遮阳产品产业链的完善和标准的编制，为我国建筑遮阳技术和产品的推广应用提供了技术保障。

一、产业基础

我国遮阳行业起步较晚，但经过这些年的发展，遮阳产业已日趋规模化、产业化。对于遮阳产品的生产，在工业材料上，我国已经具有一定的产业基础，并且部分产品和材料的生产和应用已经很成熟。

从面料及金属材料等原材料来看，我国相关的产业发展已具有相当规模，为发展遮阳产业打下了基础。如与遮阳面料相关的化纤行业，玻璃纤维的生产在20世纪50年代就已经建立起来，并大量出口欧美；对于硬性遮阳中大量采用的铝合金材料，我国是世界上最大的铝合金生产国和使用国，铝合金百叶形状多样，有弯月形、梭形及特殊形状，宽度从1cm到100cm不等，单片长度可做到5m以上；对于导轨系统，国内生产的导轨系统基本采用高强度铝合金型材和耐磨、抗老化的塑料件，每年都有一定量的出口。

部分遮阳产品生产已经很成熟并大规模应用，如遮阳篷、卷帘、卷闸门窗、外遮阳百叶等柔性外遮阳产品。这些产品早在20世纪80年代就已经在我国出现并得到工程应用，近年来已大批出口欧美国家，每年还以极高的速度递增；内置百叶中空玻璃及部分镀膜玻璃门窗，国内生产厂家数目很多，并已有大量的应用。

1. 遮阳篷及卷帘

这一系列产品在我国应用比较早，目前依然是中国遮阳窗饰类产品的主力，占据市场的绝大部分，由于这类产品技术要求不高，我国能够完全实现国产化，包括遮阳产品配套的塑料件、金属件、纤维绳等零配件和主要部分的生产。国内已经形成了原材料/配件的生产制造，成品加工组装，以及产品分销的产业链。

2. 遮阳玻璃

遮阳玻璃主要包括内置百叶中空玻璃、Low-E玻璃、镀膜玻璃等产品。我国的平板玻璃生产量居世界第一位，从近年来玻璃工业的发展情况来看，我国玻璃生产产业结构不断优化，深加工比例提高，已经形成一定的产业基础。对于Low-E玻璃，在我国建筑中普及率10%以下，年生产能力达到4020万平方米，但年销量仅1500万平方米，生产能力远远能够满足市场需求。市场目前由5大生产商主导，南玻、耀皮、浙江东亚、金晶与信义玻璃，共占Low-E玻璃市场77%的份额。同时受国内快速增长的需求和政策激励影响，促使国内主要玻璃生产商纷纷展开与国际玻璃生产商（如PPG、皮尔金顿等）的合作，引进Low-E镀膜玻璃生产线，部分小型工程玻璃加工企业也加入引进Low-E镀膜玻璃生产线之列。

内置百叶中空玻璃属于中空玻璃一类，我国采用机械生产中空玻璃的企业数达千余家，生产量也从1997年的350万平方米，急速上升2008年的2300万平方米，而内置百叶中空玻璃生产厂家也有数百家，生产能力上完全能满足市场需求。

3. 活动外遮阳

建筑活动外遮阳是通过改变叶片或遮阳板翻转角度以达到不同的遮阳效果，其中最关键的是电动马达和控制系统，而国内马达和控制系统的制造技术，满足了活动外遮阳的需要。如国产交流电机总体性能比较优秀，并得到了广泛的应用。

同时，国内生产的马达的类型和控制的方式多种多样，可以根据客户的需求予以选择，如大扭矩、静音、电动手动两用等系列的马达；在控制系统方面，包括红外线、无线电遥控、风控、光控、温控、远距离控制等方式，并可配合计算机实现智能控制。

总体来讲，我国遮阳行业具备一定的生产能力，形成一定规模生产链，能生产遮阳产品种类较齐全，基本满足设计选型的需要。

二、现有标准

1. 建筑节能标准

针对建筑节能的设计和施工，我国于1986年发布施行第一个建筑节能设计标准《民用建筑节能设计标准(采暖居住建筑部分)》，经过十多年的标准编制工作，已经形制定了一系列的标准，对于规范建筑节能技术应用，推进建筑节能具有重要意义。目前制定的与建筑节能相关的技术标准主要如下：

① 《住宅建筑规范》GB50368-2005；
② 《住宅性能评定技术标准》GB/T 50362-2005；
③ 《绿色建筑评价标准》GB/T 50378-2006；
④ 《公共建筑节能设计标准》GB50189-2005；
⑤ 《民用建筑设计通则》GB50352-2005；
⑥ 《采暖通风与空气调节设计规范》GB50019-2003；
⑦ 《民用建筑节能设计标准—采暖居住建筑部分》JGJ26-1995；
⑧ 《严寒和寒冷地区居住建筑节能设计标准》JGJ26-2010；
⑨ 《夏热冬暖地区居住建筑节能设计标准》JGJ75-2003；
⑩ 《夏热冬冷地区居住建筑节能设计标准》JGJ134-2010；
⑪ 《采暖居住建筑节能检验标准》JGJ132-2001；
⑫ 《居住建筑节能检测标准》JGJ/T132-2009；
⑬ 《既有采暖居住建筑节能改造技术规程》JGJ129-2000；
⑭ 《公共建筑节能改造技术规范》JGJ176-2009；
⑮ 《公共建筑节能检测标准》JGJ/T177-2009。

在以上标准中，《公共建筑节能设计标准》、《夏热冬暖地区居住建筑节能设计标准》、《夏热冬冷地区居住节能设计标准》、《民用建筑设计通则》、《既有居住建筑节能改造技术规范》等标准对建筑遮阳有明确的规定，如"建筑物的夏季防热应采取建筑遮阳措施"、"向阳面窗户应采取遮阳措施"等。

一些地方性标准也对建筑遮阳提出了要求，例如《北京市居住建筑节能设计标准》DBJ11-602-2006规定："低层住宅有条件可以采用绿色遮阳，高层塔式建筑和主体朝向为东西向的住宅，其主要居住空间的西向外窗应设置活动外遮阳设施，东向外窗宜设置活动外遮阳设施。"

这些标准将遮阳引入了建筑节能设计当中，为建筑遮阳产品技术在工程中应用创造了条件。

2. 建筑遮阳标准

为保证建筑遮阳产品生产和施工的质量，适应建筑节能设计和既有建筑节能改造的需要，截止到 2010 年，住房和城乡建设部针对建筑遮阳措施和构件材料物理性能、寿命周期、功能特性等具体要求，组织有关单位开展了相关标准的编制工作。这些标准将为遮阳产品提供组织生产、质量监督检验的依据，有助于保障产品质量安全，为遮阳产业提高整体竞争力提供了重要的技术支撑。

1.3 市场需求分析

我国建筑遮阳产业从 20 世纪 90 年代开始起步，经过十几年的发展，建筑遮阳产业已基本形成了以材料与配件生产企业、产品制造企业和产品分销企业，共同构成产业链。尤其近几年，遮阳产业发展迅速，根据中建筑业协会估计，我国目前具有一定规模的遮阳企业达到 2500 多家，遮阳产品年销量约 5000 万平方米，年产值 240 亿元。遮阳产品种类也不断齐全，包括自遮阳、外遮阳、内遮阳的各类产品，如各种涂膜玻璃、中空玻璃百叶窗、电动卷帘、内置百叶中空玻璃等产品，可满足设计、施工选型的需要。在遮阳面料、部件的生产方面，我国是纺织和原材料生产和加工大国，完全能满足市场的需求，同时遮阳遮光纺织用品，包括布艺品、百叶帘、遮阳构件等产品成交量以每年 10% 的速度增长。

我国现有建筑 430 多亿平方米，大部分既有建筑运行能耗较高。近几年来，我国经济的持续蓬勃发展，每年新增的建筑面积约 20 亿平方米，同时政策规定新建建筑必须达到节能 50% 的要求，因此无论是既有建筑改造还是新建建筑节能建设的市场非常巨大。而建筑遮阳技术作为一种行之有效的节能技术，它能够合理控制太阳光线进入室内，降低因外照太阳热辐射造成的空调负荷，从而达到节能的目的。同时建筑遮阳既可以遮挡光线，并且可保证室内空气流通，利于改善室内环境，符合市场需求。

虽然建筑遮阳技术在我国的应用还属于初期，但产业链和技术上已经初具规模，另外节能市场的不断扩大，需求旺盛，同时在政府节能政策的有力支持下，尤其是国家大力提倡建设资源节约型、环境友好型社会的背景下，对建筑遮阳的需要也就随之显现出来。这些因素都将给中国遮阳产品市场带来广阔的发展前景。未来几年，中国将成为世界上最大的遮阳产品市场和制造国。建筑遮阳行业应该抓住当前发展契机，努力扩建筑大遮阳的影响，促进建筑遮阳事业的腾飞。

第 2 节　推广应用措施

建筑遮阳技术具有良好的建筑节能效果，但是目前，建筑遮阳技术在我国应用还属于初级阶段，大部分建筑设计、施工单位和工程建设单位对建筑遮阳技术的认识比较片面，往往只停留在采用软帘内遮阳的传统模式上，缺乏对建筑遮阳技术体系和应用效果的系统了解，造成遮阳技术应用范围有限，技术发展较缓，远不及建筑保温技术的应用和发展水平。因此需要我们采取一定的措施推广建筑遮阳技术。

为了进一步加强建筑遮阳技术的推广应用，根据目前建筑遮阳技术应用的客观现状，有必要从鼓励技术创新，注重示范引导，完善标准体系，加强技术交流等多方面入手，一方面推动建筑遮阳技术的持续发展，完善技术体系；另一方面加强对建筑遮阳市场的培育和拓展，改变人们对建筑遮阳技术的传统认识。通过建筑遮阳技术的推广应用，将开辟建筑节能新的技术领域，并对我国，特别是南方地区的建筑节能工作产生深远影响。

一、加强技术创新，引导技术进步

技术创新是完善产品功能、减少资源和能源消耗、降低生产成本、提高企业核心竞争力的重要途径。为鼓励企业自主创新，国家制定了一系列的鼓励政策，支持企业科研。为鼓励技术创新，推进创新型国家建设，国务院制定发布了《实施〈国家中长期科学和技术发展规划纲要（2006~2020年）〉若干配套政策》，从科技投入、税收激励、金融支持、政府采购、引进技术消化吸收再创新、创造和保护知识产权等10个方面提出了60项具体鼓励政策。为响应鼓励政策，截止到2009年，国家16个相关部委共制定出台了70多项实施细则，为企业提高自主创新能力提供政策支持。

在建筑遮阳技术体系中，由于大部分建筑遮阳产品的技术门槛不高，产品生产企业的生产运行对生产工艺、流动资金、场地设施等条件要求不高，导致建筑遮阳产品的生产企业总体规模较小，技术研发能力偏弱，绝大多数企业缺乏自主技术，特别是自主核心技术。随着目前建筑形式的不断发展，人们对建筑外观和使用舒适性都提出了很高的要求，传统意义的建筑内遮阳技术和产品已经无法满足现代建筑的需要。科技含量高、外形美观、功能完善、维护方便已经成为现代建筑对遮阳技术和产品的现实要求，同时也是建筑遮阳技术的发展方向。为了提高建筑遮阳技术的科技水平，实现遮阳产品与建筑的有机结合，建筑遮阳产业必须积极跟踪世界建筑遮阳技术发展的最新成果，增加科研投入，进行技术的改进和创新，以适应现代建筑的发展趋势。

开展技术创新，提高技术科技水平、完善产品功能，不仅需要建筑遮阳企业提高对技术创新重要性的认识，重视研发能力建设，加大研发投入，而且需要相关部门给予扶持，创造有利条件推动企业加强自主研发能力建设，提高企业自身核心竞争力。为鼓励建筑遮阳技术的进步，推动建筑遮阳技术推广应用，引导建筑遮阳产业健康发展，住房和城乡建设部于2010年7月启动了建筑遮阳技术征集与推广工作。

二、开展工程示范，强化示范引导

技术集成与示范作为科技成果推广应用的有效方法之一，对推动建设行业技术进步具有重要的现实意义。通过对先进技术的集成与示范，突出技术的系统配套性，反映关键技术的适用范围、条件以及实用效果，有助于技术需求方了解技术的实际应用效果，同时也有助于技术提供方进一步检验技术成熟程度。通过技术示范将带动和引导新技术、新材料、新工艺、新产品在建设领域的广泛实施应用。

随着国家基本建设规模不断扩大，工程建设中推广应用新技术日益受到重视。为了促进建设科技成果推广转化，原国家建设部于2001年和2002年先后出台了《建设领域推广应用新技术管理规定》（建设部令109号）和《建设部推广应用新技术管理细则》，从而开创了鼓励科研开发与科技推广并重的局面。科技示范工程作为科技成果推广应用的有效措施之一，成为各地建设主管部门开展科技成果推广的工作平台。

科技示范坚持突出技术系统配套和行业科技发展的导向性，采用示范工程的形式，以点带面，为带动和普及新技术、新材料、新工艺、新产品在建设领域的实施应用起到了积极的推动作用。经过近七年的时间，建设部科技示范工程作为代表建设科技领域综合类的示范工程，得到了有效的发展。各级建设主管部门、开发单位、施工单位、科研单位都对科技示范工程给予高度的重视。

目前,广大消费者和业主对建筑遮阳技术缺乏系统地了解,对该类技术的应用效果存在疑虑。为此,在政府有关部门的鼓励和指导下,建筑遮阳企业应联合相关建设、施工单位共同开展建筑遮阳技术示范工作。针对不同建筑遮阳技术和产品的特点,从实际出发,选取具有典型代表性的技术适用地区的相关建筑类型,开展建筑遮阳技术示范工程建设,将为相关技术和产品在类似地区和工程中的应用提供借鉴,进一步推动建筑遮阳技术的广泛应用。此外,以建筑遮阳行业优势企业为依托,开展建筑遮阳技术产业化生产基地建设,将推动建筑遮阳技术的产业化进程,为鼓励技术创新,完善产品生产和应用技术提供了有效途径。

三、完善标准建设,指导技术应用

标准作为经济建设、项目投资和产品生产的重要制度和依据,是企业组织生产和施工的技术依据,对确保工程、产品质量安全,规范市场主体行为,促进城乡建设有着重要的保障作用。而标准体系在规范生产流程和产品质量,促进科技成果迅速向现实生产力转化,为产业升级和结构优化提供支撑,规范市场运行秩序中发挥巨大的作用。

在国家标准主管部门的支持下,在建筑遮阳领域目前已经发布实施的标准达19部,主要集中在部分遮阳产品的技术性能要求、检测试验方法标准,对于规范建筑遮阳技术,保证产品质量起到重要的指导和规范作用。但是,面对建筑遮阳领域众多的技术分类和产品类型以及建筑遮阳技术发展的日新月异,标准的建设应当适应技术发展的需要,根据技术的发展,不断完善和更新。

建筑遮阳技术标准的建设和完善应以政府指导、企业参与为原则,充分调动建筑遮阳企业的积极性,通过对技术产品性能的试验分析和应用经验的归纳总结,建立包括产品标准、检测方法和施工规程等内容在内的标准体系,从产品生产、检测、工程设计、产品选型、施工安装、验收与维护等环节对建筑遮阳技术和产品进行规范,使遮阳技术从产品生产到应用都有一套完善的标准可以依循,从而保证建筑遮阳技术及相关产品的实际应用效果。

四、加强技术交流,推动行业发展

开展技术交流活动,建立信息共享平台将有助于企业进一步了解行业发展趋势和市场需求,交流技术经验,增强行业的凝聚力,促进行业的技术进步和健康发展。技术交流应注重以下三个方面:第一,技术提供商或产品生产商之间的交流,即行业内的技术交流。通过互相之间交流产品生产经验、技术发展方向,有助于技术的改进,促进行业内技术进步;第二,技术提供商或产品生产商与技术需求方(建设单位)之间的交流,有助于业主了解技术的功能、适用条件和实施成本等信息,同时技术提供商或产品生产商可以及时了解技术需求方对技术应用的要求,掌握当前市场需求,以便适时调整技术研发和生产,并制定相应的技术推广计划,开拓潜在市场;第三,技术提供商或产品生产商与政府相关部门和相关检测、监理机构的交流,有助于企业及时了解相关政策和规章,同时也有助于有关部门了解行业发展现状,以便制定和完善相关政策,指导行业发展。

为了加强行业的技术交流,在政府有关部门的支持下,相关组织机构和行业协会成为开展行业技术交流活动的倡导者和组织者。通过组织开展技术研讨、座谈,产品展览交流等活动,对加强行业信息沟通,明确行业发展方向,促进行业健康发展发挥了重要作用。

住房和城乡建设部作为我国住房和城乡建设领域的主管部门,在贯彻落实党中央国务院关于加强节能减排工作的战略部署,建设资源节约型、环境友好型社会,推动绿色建筑与建筑节能工作中，十分重视信息的沟通和技术交流。"国际绿色建筑与建筑节能大会暨新技术与产品博览会"在住房和城乡建设部以及相关部委的支持下，从2005年起已经成功举办了六届。大会通过交流、展示国内外绿色建筑与建筑节能的最新成果、发展趋势和成功案例，研讨绿色建筑与建筑节能技术标准、政策措施、评价体系和检测标识，分享国际国内发展绿色建筑与建筑节能工作新经验，促进我国住房和城乡建设领域的科技创新及绿色建筑与建筑节能的深入开展。对于推进中国绿色智能与节能建筑健康发展，促进全国建筑行业节能减排工作的开展具有极其重要的推动作用和深远的影响。

目前建筑遮阳工作尚属起步发展阶段，建筑遮阳市场尚不成熟，在培育建筑遮阳市场，推动建筑遮阳行业发展中，需要住房和城乡建设主管部门，以及相关组织机构、行业协会的支持。相关组织机构和行业协会在住房和城乡建设主管部门的大力支持下，应充分发挥政府辅助管理和行业管理的职能，通过组织技术培训、召开技术推广与交流会议等多种形式，开展建筑遮阳技术宣传与交流活动，一方面提高社会对建筑遮阳技术的认知程度，另一方面为建筑遮阳技术的推广应用和技术进步提供交流平台，从而确保建筑遮阳行业的健康发展。

第3节 推广应用实施办法

根据建筑遮阳技术的推广措施，结合目前建筑节能相关鼓励政策和措施，可以采取技术评估与推广、工程试点与示范、产业化基地建设、标准制订与修订、技术交流与研讨等具体实施方法，促进建筑遮阳技术成果转化，进一步开拓和培育建筑遮阳市场，推动建筑遮阳行业发展。

3.1 技术评估与推广

建设行业科技成果评估与推广工作，是住房和城乡建设部为了贯彻落实《中华人民共和国促进科技成果转化法》而开展的重要科技工作。目前该项工作委托住房和城乡建设部科技发展促进中心归口管理。

一、科技成果评估

科技成果评估是指综合运用科技成果鉴定和无形资产评估的评价方式，对科技成果的技术水平和经济价值进行评估，分为水平评估、综合评估和价值评估三种类型，在评估内容上主要包括针对成果的技术水平、经济价值、市场效益、市场风险等方面进行评价。1997年，原建设部根据国家科委《科技成果评估试点工作管理暂行规定》要求，为适应科技市场规范化发展的需要，加速科技成果的产生和转化，提高科技对经济增长的贡献率，促进我国科技成果评估工作与国际惯例接轨，加强对知识产权的保护，决定开展建设行业科技成果评估工作，并委托原建设部科技发展促进中心归口管理。

1. 资料要求

①《建设行业科技成果评估申请表》；

②评估大纲（包括项目来源、评估依据、评估目的、建议的评估内容、建议的评估程序、评估资料目录及提供单位）；

③技术研究报告（包括技术方案论证、技术特点、加工工艺、科技创新、总体性能指标与国内外同类先进技术的比较、技术成熟程度、对社会经济发展和科技进步的意义、推广应用的条件和前景、存在的问题等基本内容）；

④测试报告（国家质量技术监督局、计量局认可的［带有 CAL、CMA 标志］检测机构出具的报告）；

⑤设计与工艺图表；

⑥企业标准（企业标准应在地方质量技术监督局备案）；

⑦科技查新报告（科技部、国务院有关部门和省、自治区、直辖市、计划单列市科委认定的，有资格开展检索任务的科技信息机构出具的检索材料和查新报告）；

⑧用户使用情况报告（3~5 个用户证明材料）；

⑨经济效益（一次性直接效益）、社会效益分析报告；

⑩产品质量保证体系或措施；

⑪产品使用说明书及产品样本；

⑫企业法人营业执照复印件（加盖企业公章）；

⑬涉及污染环境和劳动安全等问题的科技成果，需有关主管机构出具的报告或证明；

⑭行业主管部门要求具备的其他文件。

上述技术资料和有关文件的内容必须真实可靠，引用文献资料和他人技术必须说明来源。

2．评估程序

①项目申报。由技术所有单位根据评估资料要求，组织材料，向评估主管单位提交材料，申请评估。

②评估单位根据申报单位提交的材料，对科技成果评估项目进行形式审查，通过形式审查后聘请行业专家对评估资料进行技术审查。

审查内容主要包括：报送的文件、技术资料是否齐全、完整，是否符合科技档案管理要求，企业标准是否备案，出具检测报告、查新报告的单位是否具备资格。技术审查内容主要包括：是否完成合同或任务书规定的内容，报送的文件、技术资料是否正确、翔实，企业标准是否严于国家已颁布的标准，检测项目是否齐全，检测结果是否符合标准要求，以及初步判别技术的创造性、先进性、实用性、成熟性、可靠性、推广应用的条件和前景。

特别是涉及安全、环保问题的科技成果评估项目，以及其他重大项目必须聘请专家进行预审，必要时进行现场考察。

③通过形式审查和技术审查合格后，评估单位聘请该技术领域专家成立专家评估委员会，召开评估会，按照相关评估流程，形成评估意见，发布评估结果。

④发布评估项目。颁发《建设行业科技成果评估证书》，并在网站及相关媒体上予以公布。《建设行业科技成果评估证书》是通过科技成果评估的唯一证明文件。主要内容包括：证书编号、成果名称、成果简要技术说明、评估委员会的评估意见、评估单位意见、评估审查意见，以及评估委员会名单。

二、科技成果推广

建设行业科技成果推广技术是指适用于工程建设、城市建设和村镇建设等领域，并经过科技成果鉴定、评估或新产品新技术鉴定的先进、成熟、适用的技术、工艺、材料、产品。为促进建设科技成果推广转化，调整产业、产品结构，推动产业技术升级，提高工程质量，节约资源，保护和改善环境，1991 年，原建设部根据《中华人民共和国促进科技成果转化法》、《建设工程质量管理条例》决定开展建设行业科技成果推广工作。推广项目是住房城乡建设部推广应用新技术和限制、禁止使用落后技术的四项主要工作内容之一。

1. 资料要求

①《全国建设行业科技成果推广项目申报书》；

②成果研究（研制）报告；

③成果鉴定（评估）证书；

④配套的技术标准和技术法规，包括：申报单位编制的或执行国家、行业发布的产品标准、技术规范（规程）等文件；

⑤国家认定的检测机构出具的近期质量检测报告；

⑥两家以上单位的用户意见或应用于生产与工程实践的证明（加盖公章）；

⑦已推广和拟推广应用的单位和工程名单；

⑧获奖、专利、通过 ISO 质量体系认证的相关文件及生产许可等证明材料的复印件；

⑨如申报单位与科技成果鉴定（评估）证书上成果完成单位不一致，应出具申报单位拥有该成果的相关证明；

⑩科技成果受让单位，必须提交科技成果转让合同复印件；

⑪其他必要的技术资料、图片等。

2. 评审程序

①项目申报。申报单位根据申报材料要求组织材料，提交资料。申报项目必须应用满一年以上，并通过省部级科技成果鉴定或评估。

②推广项目审查和评审。主管单位对申报项目的申报材料进行形式审查；并组织评审专家委员会对申报项目进行技术评审。

③推广项目发布。对通过专家评审的项目，颁发《全国建设行业科技成果推广项目证书》，并在住房和城乡建设部、住房和城乡建设部科技发展促进中心网站及相关媒体上予以公布；编辑《全国建设行业科技成果推广项目简介汇编》发送各省、自治区、直辖市建设主管部门和建设科技推广中心（站）、行业学/协会及有关设计施工单位。

除了上述科技成果评估和推广项目评审与发布外，根据住房和城乡建设部工作安排和建设领域相关行业发展需求，住房和城乡建设部科技发展促进中心多次承担和开展专项技术征集、评审和发布工作。

三、建筑遮阳推广技术征集与发布

为指导建筑遮阳技术推广应用，引导建筑遮阳产业健康发展，住房和城乡建设部建筑节能与科技司于 2010 年 6 月开展了建筑遮阳推广技术征集工作。对于审定后的技术可列入《建筑遮阳技术推广目录》，并按照建设行业科技成果推广项目的管理程序，开展推广应用。

1. 申报条件

①已通过科技成果鉴定（评估、验收）或经实际应用一年以上证明效果良好；

②技术先进、成熟、可靠、实用，且具有推广应用价值；

③申报单位必须是技术的持有单位且具备较强的技术服务能力；

④申报技术应无权属争议。

2. 材料要求

①《建筑遮阳推广技术申报书》；

②技术研究（研制）报告；

③成果鉴定（评估、验收）证书或实际应用一年以上效果良好证明材料；

④相关标准化应用技术文件，包括：申报单位编制实施的或执行国家发布的规范、规程、工法、标准图、操作手册、使用维护管理手册等文件；

⑤国家认定的检测机构出具的近期质量检测报告；

⑥两家以上单位出具的用户意见；

⑦已推广应用和拟推广应用工程清单；

⑧获奖、专利、通过ISO质量管理体系认证的相关文件及生产许可证等证明材料；

⑨其他必要的技术资料、图片等。

3．申报程序

①申报单位自愿提出申请，并按申报材料要求准备申请文件；

②申报的项目须经所在省、自治区、直辖市、计划单列市等住房城乡建设主管部门审查推荐；

③申报材料寄送至住房和城乡建设部科技发展促进中心。

3.2 工程试点与示范

为促进具有先进水平技术体系和产品在建设工程中的应用，根据《建设部关于实施＜国家中长期科学和技术发展规划纲要＞的意见》、《建设领域推广应用新技术管理规定》，住房和城乡建设部开展了科技示范工程申报与评审工作，推动建设行业推广应用新技术。

一、示范工程

1．申报条件

科技示范工程应优先支持选用重点推广技术领域和技术公告中的推广技术，并为各省级住房和城乡建设主管部门确定的示范工程项目。

项目选用的技术应优于现行的标准或满足现行标准但采用的技术具有国内领先水平；选用的技术与产品应通过有关部门的论证并符合国家或行业标准，没有国家或行业标准的技术与产品，应由具有相应资质的检测机构出具检测报告，并经省级以上有关部门组织的专家审定通过。

2．申报程序

①由建设或开发单位申报，或由建设、开发、施工总承包、施工、设计、示范技术的技术依托等单位联合申报；也可经建设或开发单位同意后，由设计、施工总承包等单位联合或其中一家单位申报。

②各省级住房和城乡建设主管部门负责组织本地区申报项目的审查审核、推荐工作。

③住房和城乡建设部建筑节能与科技司组织住房和城乡建设部专家委员会专家对申报的项目进行评审。评审通过的项目列入年度科技计划予以发布并组织实施。

④列入科技示范工程的项目，其项目申报书由住房和城乡建设部建筑节能与科技司盖章确认后，返还各省级住房和城乡建设主管部门及有关部门和项目承担单位存档，并作为项目的实施、管理和验收考核依据。

3．实施管理

①住房和城乡建设部建筑节能与科技司负责年度科技计划执行情况的监督检查和项目科技成果登记管理。

②各省级住房和城乡建设主管部门、部直属事业单位、直属行业学（协）会和国资委管理的有关企业负责对本地区、本单位的示范项目进行日常管理，督促检查项目执行情况，协调、解决执行中的问题。

③根据工作需要，住房和城乡建设部委托相关机构负责有关类别项目的日常联系和实施监督工作。受委托的机构按照要求及时汇总总结项目执行情况，提交年度科技计划项目执行情况报告，分析提出存在的问题和建议。

④项目承担单位要按照科技计划和通过评审的项目申报书内容和要求，按工作进度认真组织实施。实施过程中，因特殊情况需调整计划的，应提前提出申请，明确调整的内容和时间，逐级上报批准后，按新的计划进度实施。

4．验收管理

①项目应在规定的研究期限结束后3个月内，由第一承担单位提交书面验收申请，由住房和城乡建设部建筑节能与科技司组织验收。

②申请验收应提交验收申请书、研究报告等相关验收文件，经相应的省级住房和城乡建设主管部门、受委托的机构初审后报住房和城乡建设部建筑节能与科技司。部直属事业单位、直属行业学（协）会和国资委管理的有关企业在项目完成后可直接将有关申请验收文件报送住房和城乡建设部建筑节能与科技司。

③住房和城乡建设部建筑节能与科技司对申请验收材料进行形式审查，通过审查的将组织专家或委托各省级住房和城乡建设主管部门及相应的受委托的机构组织验收。

④项目验收形式分为会议评审和函审两种形式。项目验收委员会一般由7~13名专家组成，验收专家应具有较高的理论水平和较为丰富的实践经验，且具备高级以上技术职称。

⑤项目验收依据为住房和城乡建设部科学技术项目计划和经审查通过的项目申报书，以及项目执行期间下达的有关文件。

⑥验收通过的项目，颁发验收证书。未通过验收的项目应及时进行整改，整改后仍不能满足验收要求的，取消项目资格。

⑦逾期一年以上未提出验收申请，并未对延期情况提出理由说明的，取消项目资格，且承担单位三年内不得申报科技计划项目。

二、建筑遮阳科技示范工程

为指导建筑遮阳技术推广应用，引导建筑遮阳产业健康发展，住房和城乡建设部建筑节能与科技司于2010年6月开展了建筑遮阳科技示范工程征集工作。选择南方地区的住宅和公共建筑进行建筑遮阳技术和产品应用示范，总结示范工程节能效果和应用技术，为建筑遮阳技术和产品推广应用提供范例。各地区、各单位组织申报的建筑遮阳科技示范工程，经审定后将作为住房和城乡建设部建筑遮阳科技示范工程，纳入年度科技计划项目进行管理。

1．申报条件

①申报示范工程的项目应是国家或地方重点工程、标志性建筑或量大面广具有普遍意义的工程项目。可以是拟建、在建或竣工时间在一年内的工程。拟建工程应在申请示范工程立项前办理有关工程审批手续。

②申报示范工程的项目应具有一定的规模。公共建筑一般应在2万m^2以上；住宅小区或住宅小区组团一般应在5万m^2以上；单体住宅一般应在2万m^2以上。

③示范工程选用的遮阳技术应先进适用，优先选用建筑遮阳推广技术。所设计的建筑遮阳技术方案应技术先进、经济合理，节能效果显著。

④示范工程一般应由建设或开发、施工总承包、施工、设计、示范技术的技术依托等单位联合申报，也可经建设或开发单位委托后，由其中一家单位申报。

2. 申报材料

① 《建筑遮阳科技示范工程申报书》；

② 示范工程实施可行性研究报告。包括如下内容：

a 工程概况（建筑类型、所在城市、地理位置、占地面积、建筑面积、工程总投资、进度计划与安排等）；

b 示范技术可行性研究（技术体系构成、技术成熟度、技术经济可行性的分析、技术来源、实施措施等）；

c 申报单位概况（技术力量状况、固定资产、年产值、负债率、质保体系和相应的资质情况以及主要业绩等）；

③ 建筑遮阳设计方案；

④ 建筑遮阳施工组织方案；

⑤ 工程开工审批文件（工程立项批件、土地使用许可证、规划许可证等）。

3. 申报程序

① 申报单位自愿提出申请，并按申报材料要求准备申请文件；

② 申报的项目须经所在省、自治区、直辖市、计划单列市等住房城乡建设主管部门审查推荐；

③ 申报材料寄送至住房和城乡建设部科技发展促进中心。

3.3 产业化基地建设

住房和城乡建设部新技术产业化基地（以下简称产业化基地）是由住房和城乡建设部批准建立的，以新技术工程化应用程度高、技术创新能力强、管理体系和运行机制较好、能带动行业产业结构调整的典型企业为载体，以引导行业新技术产业化为目标，推进重点实施技术领域的新技术产业化进程，扩大建设科技成果工程化应用覆盖面，为建设行业技术进步创造良好的环境条件。产业化基地纳入住房和城乡建设部科学计划项目，由住房和城乡建设部建筑节能与科技司负责科技计划的统一归口管理。

随着建设领域相关行业发展需要，住房和城乡建设部已经先后建立了住宅产业化基地、可再生能源建筑应用产业化基地、水处理新技术产业化基地等产业化示范基地，为相关行业的技术进步和产业化奠定了坚实基础。

针对建筑遮阳技术，通过选择具有产业化工作基础、较强的科技开发和产业化生产组织能力，可对产业化工作的推进可以起到示范引导作用的建筑遮阳行业优势企业，鼓励其开展建筑遮阳技术产业化基地建设，对促进建筑遮阳产业的发展起到技术支撑的作用和示范作用，从而有力的推动国内建筑遮阳行业的发展，扩大建筑遮阳行业的影响力。

3.4 标准制定与修订

针对目前建筑遮阳技术标准缺乏的现状，应加快建筑遮阳技术标准体系的建设步伐。在目前已经初步形成体系框架的基础上对工程所需技术标准进行制定和修订，并通过总结建筑遮阳技术的实际工程经验，进一步补充制定所需标准，完善建筑遮阳技术标准体系。

建筑遮阳工程建设技术标准及建设产品标准的组织编制与具体管理工作由住房和城乡建设部标准定额司负责，其制定程序分为计划立项、准备、征求意见、送审、批准发布、备案、出版发行、复审修订等阶段。

一、计划立项。单位和个人均可提出标准制修订计划项目提案,经有关行业主管部门或技术委员会对提案进行可行性研究,提出国家标准新工作项目建议,形成标准的年度修编计划。

二、准备阶段。经批准立项的标准修编计划,由负责单位筹建编制组,制定工作大纲,召开编制组成立会。

三、征求意见阶段。标准编制组开展调研、测试验证工作,起草标准征求意见稿,征求意见。征求意见的范围应当具有广泛的代表性。

四、送审阶段。标准编制组根据征求意见进行意见处理,修订标准,完成送审文件,并组织标准审查工作。

五、批准发布阶段。标准编制组编写报批稿,完成报批文件,同时标准的批准部门会同主编部门,对编制组报批稿的内容进行全面审核,审核通过以后予以批准发布。

六、备案与出版发行阶段。对批准的标准在主管部门备案,取得标准号,正式出版印刷。

七、复审修订阶段。一般五年一次,由标准管理单位对对旧的标准进行复审,复审后对标准予以修订或废止,并报住房和城乡建设部批准。

《建筑遮阳工程技术规范》JGJ237是国内首部建筑遮阳工程技术规范。该规范适用于居住建筑和公共建筑的建筑遮阳系统的设计与安装。主要技术内容包括:抗风、抗水压、抗雪压,正常运行、误操作无害,热性能、光性能、机械耐用性、耐久性、控制方式、使用安全、健康与环保、电机的绝缘、防尘与噪声等要求。

3.5 技术交流与推广

开展遮阳技术交流与研讨活动将有利于建筑遮阳行业及时了解国内外技术发展趋势,促进建筑遮阳技术进步,引导建筑遮阳产业健康、持续发展。

一、组织技术培训

针对目前建筑设计、施工人员及建设单位对建筑遮阳技术缺乏了解,造成建筑遮阳技术和产品应用受到一定限制的问题,由相关组织机构和行业协会共同组织开展建筑遮阳技术应用培训工作。以建筑遮阳技术和产品的主要性能和功能、设计施工要点等作为培训内容,结合《建筑遮阳技术应用指南》,对相关技术人员进行技术培训,提高相关人员对建筑遮阳技术的认识,解决建筑遮阳实际应用过程中存在的问题,为建筑遮阳技术的推广应用创造有利条件。

二、开展标准宣传与贯彻

为便于建筑设计、施工、检测等单位的技术人员及时了解和掌握已经发布实施的建筑遮阳相关技术标准的条文内容,由相关标准编制归口管理单位和标准主编单位联合开展标准宣传与贯彻工作。通过开展标准宣传与贯彻活动,规范建筑遮阳技术的开发与应用,同时引导建筑遮阳技术的发展方向,为推进建筑节能工作提供技术保障。

三、召开技术推广与交流会

在住房和城乡建设部的支持下,由住房和城乡建设部科技发展促进中心和相关行业协会共同组织国内外建筑遮阳产品生产商、技术持有单位,以及建设、设计、施工单位等开展建筑遮阳技术交流与推广活动。通过组织召开技术推广与交流会,一方面加强建筑遮阳产品生产商和技术持有单位之间的交流,追踪国外技术发展趋势,共同促进建筑遮阳技术进步和节能效果提高,为建筑遮阳相关技术政策的制定提供技术支撑,另一方面便于行业主管部门及相关单位了解行业发展现状,为建筑遮阳相关政策的制定提供参考,从而引导建筑遮阳产业健康、持续发展。

第6章 遮阳工程实例

在本课题的研究过程中,在住房和城乡建设部的领导下,完成了建筑遮阳示范工程的评选,本章将介绍15项建筑遮阳示范工程的概况,使读者更好地了解建筑遮阳的应用情况。

第1节 扬州帝景蓝湾外遮阳卷帘工程

一、工程概况

1. 工程名称：扬州帝景蓝湾花园1-9号楼铝合金外遮阳工程
2. 地址：扬州邗江区祥和路89号（金天城大厦南侧）
3. 建筑面积：74160.88 m²
4. 建筑类型：板楼 小高层 高层
5. 设计单位：扬州建筑研究院有限公司
6. 施工单位：扬州裕元建设有限公司
7. 工程完工时间：交房时间2011-12-30

图6-1 扬州帝景蓝湾外遮阳卷帘工程

二、建筑遮阳技术应用情况

1. 应用面积：3000m²
2. 产品类型：外遮阳铝合金卷帘窗
3. 遮阳生产单位：郎溪英之杰建筑科技有限公司
4. 遮阳施工单位：郎溪英之杰建筑科技有限公司
5. 工程设计：帝景蓝湾外遮阳面积约为3000m²，驱动方式为电动加手动，全部使用"康屋"品牌外遮阳卷帘。根据项目特点，设计方案选择内置暗藏安装，立面整洁大方，与整栋建筑融为一体；室内检修口设计，美观大方符合现代简约风格，另检修便利、成本比较低。
6. 施工验收：《建筑外遮阳工程质量验收规程》DGJ32TJ88-2009
7. 所获奖项：获政府大力支持，成功申请外遮阳专项补助资金

三、建筑遮阳工程实施的效果

研究表明遮阳卷帘对阳光的阻挡达到90%，对室温辐射的阻挡达到70%。冬天：有日照时，可全部卷起让阳光进入室内。夏天：2m²透明玻璃受阳光照射所产生的热量，相当

于1kW的电炉。一个在窗或者门前正确安装的卷帘门窗能够使得通过窗的热损失下降40%以上。由建筑热工设计标准可知,卷帘窗与玻璃窗等组合以后,其综合传热系数变小,热阻变大,明显增强保温效果。

冬天,尤其在北方寒冷地区,白天将卷帘卷起,让阳光进入室内,增加室内热量,晚上将卷帘放下,起到保温效果。夏天在南方,卷帘遮阳有如下效果:其一,卷帘窗可以将绝大部分阳光反射掉;其二,卷帘还可以根据太阳高度角和方位角的不同,任意调整进入室内的阳光/光线;其三,它的使用基本不占用空间。通过降低进入室内的热量,人们可以节省用于空调机的许多电能。在室外气温宜人的时候,打开塑料窗,同时卷帘窗开启一定高度,阳光不直射入室内又增加了室内的新风量,给人清新凉爽的感觉是空调所不及的。如果选用浅色的卷帘型材,将能更好地提高对阳光的反射效果。

遮阳卷帘也是一个美观的防护装置,完全关闭的遮阳卷帘可以防止玻璃窗被砖块、球的损坏,也能阻止小偷的侵入。在防盗方面对铝合金卷帘窗的认识是,其可以在一定程度上阻止小偷的入侵。随时可以放下卷帘,对防止窃贼有一定的作用,明显改善社会的治安。

第2节　南京大华锦绣华城超大型住宅小区

一、工程概况

1. 项目名称:大华锦绣华城

2. 占地面积:160000 m^2(E)
3. 建筑面积:300000 m^2(E)
4. 项目地点:浦口区浦珠北路59号
5. 建筑类型:高层
6. 门窗形式:推拉
7. 设计单位:南京市金宸建筑设计有限公司
8. 建设单位:上海大华建设集团有限公司
9. 施工单位:南京二十六度建筑节能工程有限公司

图6-2　南京大华锦绣华城超大型住宅小区工程

二、建筑遮阳技术应用情况

产品类型：铝合金卷帘遮阳系统

驱动方式：手摇盒

安装方式：外装

关键技术：本项目采用成熟的铝合金卷帘遮阳系统，帘片采用德国三星进口设备生产的42mm聚氨酯发泡帘片，帘片型材壁厚≥0.27mm，聚氨酯发泡密度≥50kg，铝合金型材部分采用国家免检型材，表面采用瑞士进口设备喷涂，驱动系统采用手摇盒。卷帘遮阳系统有良好遮阳节能、保温作用，可有效降低空调能耗30%左右。

本项目总遮阳施工面积20000 m^2，遮阳的生产和施工单位均为南京二十六度建筑节能工程有限公司，工程现已施工完成3期，验收合格率100%。

三、建筑遮阳工程实施的效果

项目运行状况良好，有效地保证了建筑立面效果，并起到了良好的遮阳节能作用。为保证机构运行的顺畅性，我们将驱动系统调整为手摇皮带驱动系统，进而保证了驱动系统的使用耐久性能。

铝合金卷帘系统主要用于办公大楼、商务写字楼、公共建筑物、别墅、高品质住宅小区等外遮阳装饰。这款产品通过建设单位的施工应用，具有施工简便、易操作、系统综合造价低等优点，达到良好的节能效果，能得到建筑行业市场的广泛认可，其社会效益和经济效益十分可观。

第3节　南京中海凤凰熙岸高层项目

一、工程概况

1. 项目名称：中海凤凰熙岸
2. 占地面积：140006m^2
3. 建筑面积：30000m^2
4. 项目地点：南京市鼓楼区清凉门大街

图6-3　南京中海凤凰熙岸高层项目

5. 建筑类型：小高层

6. 门窗形式：外开窗

7. 设计单位：南京市建筑设计研究院有限公司

8. 建设单位：中海地产南京分公司

9. 施工单位：南京二十六度建筑节能工程有限公司

二、建筑遮阳技术应用情况

产品类型：轨道式面料遮阳系统

驱动方式：手摇杆

安装方式：嵌装

关键技术：本项目采用垂直轨道式面料遮阳系统，机构骨架采用铝合金型材，表面采用瑞士进口设备喷涂，喷粉采用荷兰阿克苏粉末。面料采用优质聚酯纤维户外专用面料，具有良好的耐光、耐气候色牢度以及耐水性能。系统抗风等级≥6级风压，疲劳性能不小于10000次，机构使用寿命大于10年。

本项目总遮阳施工面积20000m²，遮阳的生产和施工单位均为南京二十六度建筑节能工程有限公司，工程现已施工完成3期，验收合格率100%。

三、建筑遮阳工程实施的效果

抗风型面料遮阳产品通过建设单位的施工应用，具有施工简便、易操作、系统综合造价低等优点，达到良好的节能效果，能得到建筑行业市场的广泛认可。

第4节 南京碧瑶花园精装修多层项目

一、工程概况

1. 项目名称：南洋碧瑶花园项目

2. 占地面积：108600m²

3. 建筑面积：139500m²

4. 项目地点：南京市河西新区

图6-4 南京碧瑶花园精装修多层项目

5. 建筑类型：多层、小高层

6. 门窗形式：外开窗

7. 设计单位：南京市长江都市建筑设计有限公司

8. 建设单位：南洋地产（南京）有限公司

9. 施工单位：南京二十六度建筑节能工程有限公司

二、建筑遮阳技术应用情况

产品类型：铝合金翻转百叶遮阳系统

驱动方式：电动

安装方式：内装

关键技术：本项目采用先进成熟的铝合金翻转百叶遮阳系统，百叶片采用0.41mm厚、80mm宽卷边铝合金百叶，百叶片采用进口设备加工、提升绳、梯绳、卷绳器采用瑞士进口，电机采用法国尚飞电机。遮阳系统与门窗采用先进的一体化设计方案，使建筑外立面更加协调统一。百叶片可以在0°~180°范围内任意翻转控制室内光线，在遮阳的同时，有效地节约了室内空调、照明用电能耗。

本项目总遮阳施工面积3000m^2，遮阳的生产和施工单位均为南京二十六度建筑节能工程有限公司，工程现已施工完成，验收合格率100%。

三、建筑遮阳工程实施的效果

本项目采用外遮阳系统和门窗一体化安装方式，有效地保证了建筑立面效果，同时保证了系统运行的顺畅性。项目在实施过程中需要在土建施工阶段，进行有效地水平度控制，减少后期的修整工作。同时，机构安装的垂直度和水平度控制良好，能够有效地保证机构运行的顺畅性以及使用的耐久性能。

商务写字楼、公共建筑物、别墅、高品质住宅小区等外遮阳装饰。这款产品通过建设单位的施工应用，具有施工简便、易操作、系统综合造价低等优点，达到良好的节能效果，能得到建筑行业市场的广泛认可。

第5节　江苏镇江科苑华庭住宅小区

一、工程概况

1. 工程名称：镇江科苑华庭住宅小区

2. 项目地址：镇江市丹徒新区盛丹路169号

3. 建筑面积：一期19000m^2、二期28300m^2、三期25700m^2、四期25000m^2，共93000m^2

4. 建筑类型：多层住宅（3~7层）、小高层住宅（10+1层）

5. 设计单位：南京市民用建筑设计院

6. 施工单位：一期：江苏通州建筑总公司

　　　　　　二期、三期、四期：江苏江都建筑总公司

7. 完工时间：一期、二期：2010年12月交付

　　　　　　三期：2011年7月交付

　　　　　　四期：预计2012年6月交付

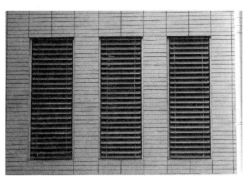

图 6-5 江苏镇江科苑华庭住宅小区

二、建筑遮阳技术应用情况

1. 应用面积：一期：江苏通州建筑总公司
   二期、三期、四期：江苏江都建筑总公司。
2. 产品类型：C80 型电动百叶帘，导轨导向、在窗洞内预留位置暗装
3. 遮阳生产单位：江苏康斯维信建筑节能技术有限公司
4. 遮阳施工单位：江苏康斯维信建筑节能技术有限公司
5. 工程设计

1) 规划设计

该项目规划阶段即定位为科技住宅。根据建筑节能专项设计结果，应使用外遮阳才能达到 65% 的总体建筑节能指标。因此，建设方决定在建筑上安装外遮阳装置。建设方对外遮阳产品进行的调研结果见表 6-1：

与各种外遮阳产品比较，本百叶帘具有如下优点：

① 遮阳系数为 0.15～0.25，遮阳效果优异；
② 在遮阳的同时可调节室内光线的强弱，提高居住环境光舒适度；
③ 在遮阳的同时可保持室内通风，提高居住环境热舒适度；
④ 在遮阳的同时可保持良好的室外视野，保持建筑与外部环境的融合性；

外遮阳产品的调研结果　　　　表 6-1

遮阳设施	遮阳系数(夏季/南)	通风	调光	抗风	保温	视野	私密	收拢空间	耐久	清洗	维修	与建筑一体化	价格
固定板	0.8	/	/	/	/	良	/	/	优	/	/	难	低
百叶帘	0.2	优	优	优	中	良	良	小	良	易	易	易	中高
卷帘	0.33	差	差	优	优	差	优	大	良	难	难	难	中
织物帘	0.4	中	良	差	中	差	良	小	差	易	易	易	中
水平篷	0.6	/	/	差	差	优	/	小	差	难	易	难	低
中置	0.2	优	优	优	良	良	良	小	优	难	易	易	高
内置	0.2	/	优	优	良	良	良	小	差	/	不可	/	低
机翼板	0.3	优	优	优	差	良	良	/	优	难	难	难	高

⑤ 叶片两端由导轨支承，叶片间透风，罩壳厚、支撑多，总体抗风荷载能力强；

⑥ 各配件材料抗疲劳强度高、耐候性优、耐久性强；

⑦ 外形尺寸小，占用空间少，易于实现与建筑一体化；

⑧ 叶片可翻转两面，便于维护、清洗；

⑨ 产品集成化程度高，易于装拆、修理。

根据以上分析结果，建设方决定采用电动百叶帘。

2) 采用标准

建筑遮阳金属百叶帘　JG/T 251-2009

建筑遮阳通用要求　JGJ/T 274-2010（我公司参编）

建筑遮阳工程技术标准　JGJ/T 237-2010（我公司参编）

建筑外遮阳产品抗风性能试验方法　JGJ/T 239-2009（我公司参编）

江苏省地方规范 建筑外遮阳工程验收规范　DGJ32/J19（我公司参编）

Q/3200 JSKW 001-2009KW　系列建筑外遮阳百叶帘（我公司企标）

3) C80型外遮阳百叶帘技术参数（表6-2）

C80型外遮阳百叶帘技术参数　　表6-2

成品参数		遮阳系数	0.15～0.25
		抗风能力	600 Pa（11级风，风速26m/s）
		百叶帘自重	≤ 5 kg/m²
		电动升降速度	2 m/min
	百叶帘尺寸	最大宽度	4000 mm
		最大高度	6000 mm
		最大厚度	130 mm
主要配件参数	叶片	截面宽度	80 mm
		截面高度	10 mm
		材料厚度	0.40 mm
		材质—牌号	铝镁合金—5754H46
		材料强度	$\sigma_S \geq 260$MPa
		型材供应商	瑞士METALCOLOR
	提升带	截面尺寸	宽6mm×厚0.28mm
		材质	耐候型高强聚酯纤维
		抗拉强度	≥ 0.2kN
		供应商	瑞士HUBER公司
	卷绳器	规格	绳宽6mm
		材质	耐候工程塑料
		承载能力	≥ 0.2kN
		供应商	瑞典TURNAIL公司
	换向绳	规格	ϕ3mm×长200mm
		材质	耐候型高强聚酯纤维
		承载能力	≥ 0.2kN
		供应商	瑞典TURNAIL公司

续表

主要配件参数	方形电动机	输出扭矩	6N·m
		输出功率	108W
		电源	220V，50Hz
		供应商	德国 GEIGER 公司

注：铝合金型材、钢板冲压型材、梯绳为国产。

4）安装节点方案

本项目采用安装在窗洞内侧壁上的"嵌装"方案，在建筑设计时预留宽130mm、高250mm的百叶帘安装空间，将百叶帘安装在窗洞内、玻璃窗外侧，在窗洞上侧用垂直螺钉穿过保温层悬吊安装码，并在安装码上安装百叶帘传动槽，见图6-6。该步骤为"与建筑同步设计"。

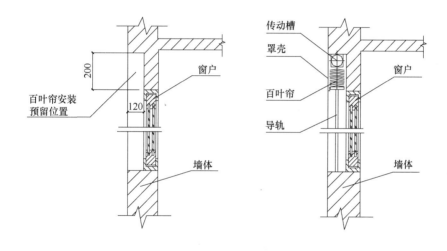

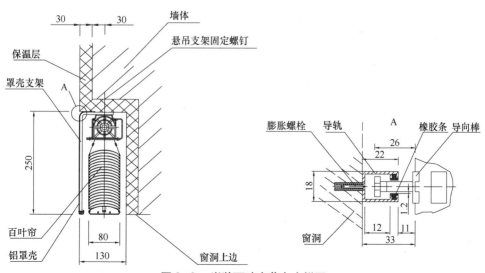

图 6-6　嵌装百叶帘节点大样图

5）平面设计方案

本工程项目窗型较多，采用了具有针对性的平面方案。

① 普通窗洞：普通窗洞的百叶帘安装方案见图6-7。在该方案中，窗户由原先居中位置退向室内方向，百叶帘安装在窗洞内预留位置上，并沿安装在窗洞两侧内壁的导轨上下、升降，整幅百叶帘不伸出外墙。

② 同开间大、小窗洞：在建筑南立面上，某些开间有大、小两个窗户，见图6-8，这些窗户的遮阳需求是同时的，可将同一开间的外遮阳设计为同一电动机驱动，即实现"一拖二"传动，需要遮阳时同步展开，不需要遮阳时同步收起，这样也可降低造价。

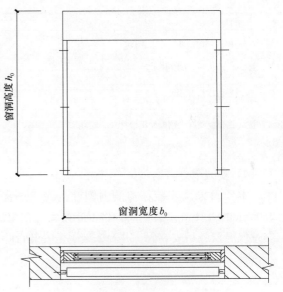

图6-7 普通窗洞的百叶帘安装方案

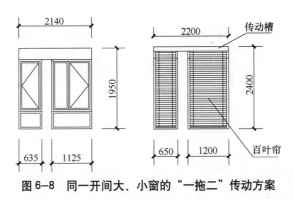

图6-8 同一开间大、小窗的"一拖二"传动方案

③ 同开间三条窗洞：在一些南面开间有三条窗洞的窗型，见图6-9，这三条窗户的遮阳需求也是同时的。将三条窗户采用同一电动机驱动，实现"一拖三"的传动方案，需要遮阳时同步展开，不需要遮阳时同步收起，也可降低造价。

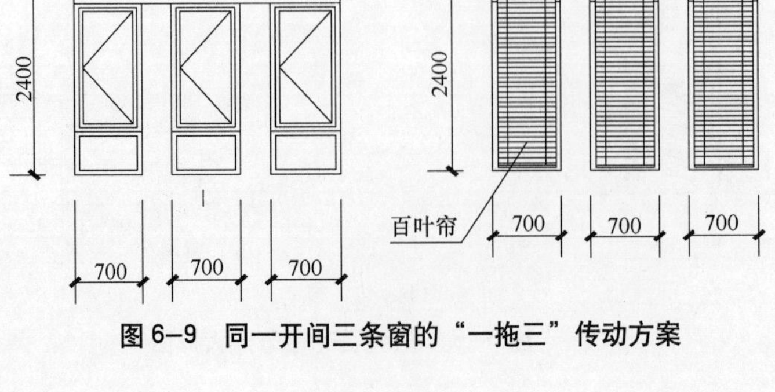

图6-9 同一开间三条窗的"一拖三"传动方案

④ 封闭阳台拐角窗：对于若干封闭拐角阳台，在两面均安装百叶帘，基本同时需要遮阳，因此设计为同一电动机驱动两幅百叶帘的"一拖二"的传动方案（也可设计为两台电动机分别驱动的方案），并采用转角传动装置连接两幅百叶帘同步升降，见图6-10，也可降低造价。

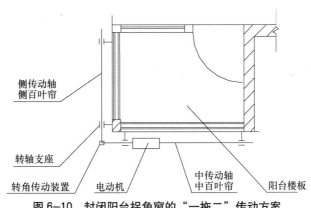

图6-10 封闭阳台拐角窗的"一拖二"传动方案

⑤ 凸窗：对于凸窗，因迎面面积大、侧面面积小，侧面不单独安装电动机独立驱动，因此设计为由一台电动机驱动三幅百叶帘的"一拖三"方案，见图6-11。

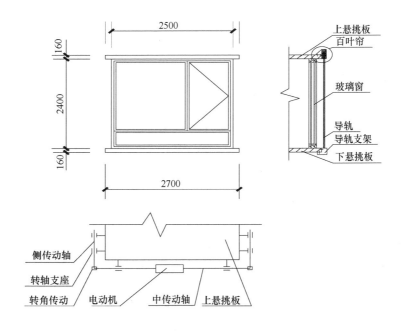

图6-11 凸窗的"一拖三"传动方案

6）施工

① 结构施工阶段：在建筑结构模板搭设过程中，我公司派专人到现场交底并技术指导，落实预留百叶帘安装位置，该步骤为"与建筑同步施工"，见图6-12。

② 外墙装饰阶段：本建筑物外墙粉刷彩色弹性涂料。为使外遮阳百叶帘外观实现与建筑一体化，我公司与建设方、外墙装饰公司进行了沟通、讨论，一致同意百叶帘罩壳与外墙同步进行装饰施工。先在工厂将罩壳进行首道酸洗处理，在现场安装罩壳后、安装百叶帘前再对罩壳进行二次酸洗，晾干后在罩壳及与墙面结合区域粘贴网格布，再喷涂彩色弹性涂料。当百叶帘收起后，窗洞外观上看不到百叶帘，即采用嵌装工艺，达到了暗装效果，完美实现了与建筑的一体化。该步骤为"与外墙同步装饰"。

图 6-12　现场预留百叶帘安装位置

7）验收

① 一期、二期：2010 年年底，施工质量由镇江市丹徒新区建筑工程质量监督站验收合格，建筑节能（含外遮阳百叶帘）分项由镇江市丹徒新区住房与城乡建设局验收合格，年底交付业主。

② 三期：2011 年 6 月验收，7 月交付，验收单位同上；

③ 四期：2012 年 6 月验收交付，验收单位同上。

三、建筑遮阳工程实施的效果

8 月 23～24 日 9～15 点，晴，室外阴影温度 35℃，我公司在已安装外遮阳百叶帘的建筑物上选取了两个面积相等、用途相同的相邻开间进行了比对测试，旨在验证外遮阳百叶帘的遮阳效果。

将 A 室百叶帘收起不使用，将 B 室百叶帘全部展开并闭合（叶片最大程度地接近垂直状态），在该条件下，仪器每 30 分钟测量一次两室相同位置的气温，绘制"时间—温度"曲线，可见室外最高气温在 14：15 时达到 35℃，遮阳房间最高室温在 14：14 时达到 28.9℃，未遮阳房间最高室温在 12：14 时达到 32.3℃。

第 6 节　山东省建筑科学研究院住宅楼外遮阳工程

一、工程概况

该示范工程为山东省建筑科学研究院 12 号住宅楼，位于济南市天桥区无影山路 29 号，建筑面积 8555.63m^2，建筑类型为多层住宅，砖混结构，地上七层，地下一层为储藏室。该工程由山东省建筑科学研究院按照山东省节能 65% 居住建筑节能设计标准设计，层高 3m，主要窗型规格尺寸为 2.1m×1.8m、3.0m×1.8m、1.2m×1.8m，无飘窗，建筑物体型系数 S=0.24。

山东天齐置业集团股份有限公司进行施工，竣工时间为 2009 年 9 月。

图 6-13　山东省建科院住宅楼工程

二、建筑遮阳技术应用情况

该工程遮阳技术应用面积 967.13m²，按照国家建筑标准设计图集《建筑外遮阳（一）》06J506-1 设计，在建筑东西向、南向和北向外窗外侧安装，遮阳产品为特诺发集团（法国）生产的双层铝合金卷帘窗，类型为外置式卷帘遮阳系统。

遮阳工程设计及施工单位为济南欧诺发环保科技有限公司（原山东特诺发新材料有限责任公司）。

根据施工单位提供卷帘窗质量标准，其抗风性能、保温性能、隔声性能、遮阳性能符合设计要求，已通过工程竣工验收。

三、建筑遮阳工程实施的效果

1. 技术分析

该示范工程竣工后，从外部看，整洁、新颖，外形美观流畅，坚固轻质，提高了整栋建筑的美观性和节能性，具备保温、隔热、隔声、防盗、防尘、安装及操作简便、减少光污染等优点，具体分析如下。

（1）型材外表采用铝质喷涂，抗紫外线；内填充聚氨酯发泡材料，坚固耐用，安全保温、隔声，具有防火、防盗、抗腐蚀、耐寒隔热、密度轻、无污染、不易氧化、简洁大方、色泽明快等特点；

（2）安装和维修方便。安装方式为外置嵌装（对既有建筑亦可采用外置明装方式），施工方便，安装和维修都可以在室内进行，对于高层建筑不必高空作业，电动遥控或手动曲柄、皮带操作；

（3）减少光污染。遮阳措施可分散玻璃（尤其是大面积玻璃幕墙）的反射光，避免了光污染。

（4）遮阳效果明显。抽检的外窗综合遮阳系数由遮阳工程施工前的 0.75 降低到施工后的 0.33。8月份雨季，对室内南向 3 个房间的窗户进行测试，结果表明：在室外平均温度 30℃的情况下，无遮阳时，窗户玻璃内表面实测温度为 26.4℃，放下遮阳卷帘后玻璃内表面温度实测为 23.0℃，温差为 3.4℃，并且有遮阳时房间温度波幅值较小，室内温度场均匀。如果室外温度继续升高，玻璃内表面温差还会增大，遮阳效果将更加明显。

（5）节能效果显著。利用 DeST-h 软件进行模拟计算时，未采取遮阳措施前模拟计算的单位面积年耗冷量为 115.36MJ，采取遮阳措施后，建筑物单位面积年耗冷量降为 80.71MJ。

需要说明的是，计算机模拟采用的是 DeST-h 软件，在选择参数时，适用于居住建筑的卷帘遮阳方式没有，因此我们选择了水平百叶遮阳方式进行模拟计算，这与实际工程应用有差别。由于百叶遮阳系统的密封性能不如全密封的卷帘遮阳系统好，因此，遮阳示范工程的实际耗冷量应比模拟结果好。

2．节能效益分析

（1）工程投资情况

该遮阳工程面积为 967.13m^2，按朝向不同设置三种操控方式（电动遥控、手动曲柄、皮带），实际总投资为 78.88 万元，平均每平方米造价 815.6 元，按照该工程总面积 8555.63m^2 分摊后，每平方米增加造价为 92.20 元。

若按照标准规定，北向不需做遮阳，核算时应去掉北向遮阳工程成本：387.45 m^2 × 815.6 元 /m^2=31.60 万元。此种情况下工程总投资降为 47.28 万元，按照建筑总面积计算，每平方米增加造价为 55.26 元。

（2）节能收益

遮阳工程竣工后，夏季单位面积年耗冷量节约 34.65MJ，空调能效比按照 2.3 计算，每平方米年节电 4.185kWh。用电价格按照 0.68 元 /kWh 计算，每年可节省电费 24347.61 元。

（3）静态回收期

根据上述对遮阳工程投资和节能收益分析，对示范工程的实际投资回收期和标准投资回收期进行计算。

根据下面的计算公式。

$$N=S/A$$

式中　S——遮阳工程总投资，元。

可计算出该工程实际投资回收期 N_s=788800/24347.61 ≈ 32.4 年

去掉北向遮阳后标准投资回收期 N_b=472800/24347.61 ≈ 19.4 年

从上述结果可以看出，该遮阳工程的实际投资回收期较长，为 32.4 年，这是因为采用的遮阳产品技术先进且为法国进口，造价较高，并且该工程考虑到保温、隔声和防盗等方面的因素，建筑的北向也做了遮阳。若去掉北向遮阳增加的投资，其标准投资回收期为 19.4 年。

如果采用国产化同类遮阳产品，其成本还能降低 40%～60%，回收期能够控制在 10 年左右，节能效果是十分显著的。而且我们也应该看到，如果和整个节能工程一起计算，其整体节能效益远大于此，从长远来说，我们今天的节能投资可能在短期内难见回报，但几十年甚至几百年以后所带来的一系列效益是难以估量的。

3．环境效益及社会分析

以示范工程实施遮阳技术前后所获取的数据为计算依据。

该示范工程遮阳工程竣工后，单位面积空调能耗年节约电 4.185kWh/m^2（1.69kg 标煤 /m^2），年节能收益为 2.86 元 /m^2。

以我省城镇民用建筑每年增加 8000 万 m^2 计算，采用该项技术，每年可节省电耗 3.35 亿 kWh，折合 2.28 亿元，折合标准煤 13.5 万吨。在既有建筑节能改造时如果也考虑采用遮阳技术，对目前我省 10.6 亿 m^2 的既有建筑来说，其效益就更为可观。

同时，以年节省能耗 4.57 亿 kWh 电计算，还可相应减少二氧化碳排放量 10.78 万吨，减少二氧化硫排放量 668 吨、氮氢化物排放量 297 吨,减少烟尘排放量 223 万吨,还可节省大量的废渣处理费用和环保费用,所产生的社会效益和环境效益也是相当显著的。

第 7 节　长沙中电软件园总部大楼及配套工程

一、工程概况

本工程为长沙中电软件园总部大楼及配套工程,位于长沙麓谷国家高新技术产业开发区永安镇境内,北邻青山路,东邻尖山路,占地面积约 300 亩,工程造价约 1.85 亿元。整个建筑由主楼与裙楼两部分组成,主楼 17 层,裙楼 3 层,地下 2 层,框剪结构,筏板基础,局部采用人工挖孔桩。总建筑面积 57600m^2,其中地上建筑面积 44700m^2,地下建筑面积 12900m^2。本工程为公共建筑,由北京时空筑诚建筑设计有限公司设计,由中国建筑第五工程局有限公司施工,预计在 2011 年 8 月 15 日竣工。

图 6-14　长沙中电软件园总部大楼及配套工程

二、建筑遮阳技术应用情况

本工程屋顶、外墙采用了多种形式的遮阳技术,外墙面积达 21000m^2,屋顶面积达 6000 m^2,由中国建筑第五工程局有限公司施工,主要设计形式有:

1. 外门窗遮阳技术

主楼及裙楼外墙采用单元式玻璃幕墙,裙楼过厅屋顶采用玻璃天窗,外窗采用铝合金窗,均采用 Low-E 中空玻璃窗。外门采用金属框单框双玻门。

2. 屋面遮阳技术

主楼屋面采用钢筋混凝土构架+金属百叶遮阳技术;

裙楼弧形部分屋顶采用钢筋混凝土构架+悬挑钢筋混凝土遮阳板遮阳技术。

3. 墙面遮阳技术

主楼南北两侧玻璃幕墙采用竖向钢筋混凝土 U 形构件及水平钢筋混凝土挑板遮阳技术,主楼东西两侧空调搁板采用钢筋混凝土竖向遮阳板+金属百叶遮阳技术;裙楼弧形部分北侧立面采用预制钢筋混凝土板遮阳技术,裙楼南侧采用钢框防腐竹编百叶遮阳技术。

4. 其他遮阳技术

主楼北边主入口、裙楼东边主入口采用钢结构玻璃雨棚遮阳技术、绿化遮阳技术。

三、建筑遮阳工程实施的效果

1. 环境改善：湖南地处我国南方炎热地区，夏季漫长，太阳辐射强烈，采用建筑遮阳技术避免太阳光热直接进入室内，防止建筑的外围结构被阳光过分加热，有力的防止了室内温度升高和波动，从而极大地减少了空调能耗和制冷负荷的增加，可大大改善室内热环境。

2. 功能提升：本工程的水平及竖向遮阳构件及屋顶构架均同主体结构一起浇筑，裙楼弧形部分北侧竖向构件采用工厂预制现场安装，各种百叶在装饰施工时实施；所有的遮阳措施均不单独因遮阳而存在，作为主体建筑的一部分，所有起遮阳作用的构件均集划分空间、建筑造型、功能布局及遮阳本身于一体。各种遮阳构件通过结构计算安全、可靠，施工技术简易可行。绿化遮阳系统将在景观设计与施工中得到充分的实施。

主楼外窗综合遮阳系数小于 0.24，裙楼综合遮阳系数 0.19，总体遮阳系数小于 0.3。

3. 节能及经济分析：

1) 本工程总投资 1.85 亿元。其中作为遮阳部分的构件投资为 663 万元（不含幕墙），占总造价的 3.5%。幕墙造价 1413 万元，占总造价的 7.6%。

2) 本工程总供电负荷为 6217kW，其中空调负荷为 2542kW。仅因遮阳技术降低能耗按 30% 计算，本工程所在地长沙夏季长达五个月，按综合每天 8h 的空调开启时间，年能耗可降低用电 915120 度，用电价格按 0.8 元/度计算，可节约资金约 73 万元。

据统计：火电厂平均 1 千瓦时（1 度）供电煤耗由 2000 年的 392g 标准煤降到 360g 标准煤，2020 年达到 320g 标准煤。即一千克标准煤可以发三千瓦时（3 度）的电。工业锅炉每燃烧一吨标准煤，就产生二氧化碳 262kg，二氧化硫 8.5 kg，氮氧化物 7.4 kg。

故年能耗可节约约 305t 标准煤，减少二氧化碳排放约 800t，减少二氧化硫排放约 2.6t，减少氮氧化物排放约 2.26t，并减少了大量粉尘、废渣的排放。有力地支持了长株潭地区两型社会的建设。

另由于本工程处于南方酷热地区，夏季时间较长，采取遮阳措施可有效地防止屋面保护层热裂引起的渗漏，同时避免了夏季的温室效应，降低了巨大的空调能耗。

第8节　上海外滩中信城（中信广场）

一、工程概况

1. 工程名称：上海外滩中信城（外滩中心）
2. 地址：上海市虹口区海宁路河南北路口
3. 建筑面积：15 万 m²
4. 建筑类型：甲级办公楼
5. 设计单位：日建设计
6. 施工单位：上海建工集团
7. 工程完工时间：2011 年 5 月底

二、建筑遮阳技术应用情况

应用面积：1000m² 户外电动张紧天篷帘
　　　　　17000 m² 左右电动户内卷帘

图 6-15 上海外滩中信城

产品类型：室内天篷帘，室内卷帘
遮阳生产单位：上海名成智能遮阳技术有限公司
遮阳施工单位：上海名成智能遮阳技术有限公司
工程设计：上海名成智能遮阳技术有限公司
施工验收：业主方：上海信虹房地产——上海海泰房地产
施工方：上海名成智能遮阳技术有限公司

三、建筑遮阳工程实施的效果

1. 利用本企业的专利技术（专利号：ZL 2007 2 0310471.8）以及风/雨控制技术确保天篷帘能够完全满足该项目的设计要求并安全可靠的使用。

2. 建筑立面选用室内电动卷帘遮阳产品较好解决超高建筑遮阳节能问题。对于超高层建筑玻璃幕墙的遮阳问题，采用户外遮阳产品，很可能破坏了设计师对于建筑物外立面的设计效果（包括楼宇夜间泛光照明的要求）；同时，户外遮阳产品用于户外的抗风性能要求很高。本项目主楼立面选用电动卷帘室内遮阳，较好地解决了上述两个问题。

3. 独立遥控和集中控制相结合，增强了遮阳系统控制要求的适应性，降低造价。根据业主方对遮阳产品提出的控制要求，本项目采用独立遥控和集中控制相结合的解决方案，克服了无法预埋线的困难，经济实用地解决了矛盾，非常实用，同时又大大节省了一次性的投资，具有示范作用。

第 9 节　上海越洋广场—璞丽酒店

一、工程概况

1. 工程名称：上海越洋广场—璞丽酒店
2. 地址：上海市静安区延安中路常德路 1 号
3. 建筑面积：23000m²

图6-16 上海越洋广场—璞丽广场酒店

4. 建筑类型：超五星级酒店
5. 设计单位：LAYAN DESIGN GROUP 内装设计
6. 施工单位：上海越洋房地产开发有限公司
7. 工程完工时间：2008年年底

二、建筑遮阳技术应用情况

应用面积：8000m²

产品类型：带边槽全遮光超静音电动卷帘
　　　　　超静音电动铝百叶
　　　　　电动卷帘及传统竹帘
　　　　　智能化控制遮阳系统

遮阳生产单位：上海名成智能遮阳技术有限公司

遮阳施工单位：上海名成智能遮阳技术有限公司

工程设计：上海名成智能遮阳技术有限公司

施工验收：上海越洋房地产开发有限公司

三、建筑遮阳工程实施的效果

1. 针对超高层建筑使用的遮阳技术

对于高层酒店窗口玻璃的遮阳问题，在保持建筑外立面建筑风格的同时，采用双层内遮阳产品，尽可能满足节能要求。

对遮阳产品有较高的隔声要求

1）遮阳帘运行的噪声不允许超过44dB（A）；

2）电动卷帘尺寸均为3000mm×3000mm，且要求全遮光，其控制要求随季节变化能够实现无人定时控制；

3）电动百叶帘叶片宽度为25mm，尺寸亦为3000mm×3000mm，其宽度已超出规范。如何解决叶片挠曲、如何保证叶片转向过程中每一片叶片同时转向是主要的技术难点。

4）百叶帘转向要求电动，满足叶片调光要求，而叶片收放动作要求手动。

2. 特殊的节能控制方式

电动卷帘采取根据客人是否在室控制与定时控制结合的策略，客房内的每个电动遮光帘，根据冬夏设定节能控制——夏季12点到5点，若客人离房，遮光帘会自动关闭达到隔热节能效果；冬季12点到5点则以反向控制让阳光入室，以达到保温节能的目的。

第10节 上海辰山植物园展览温室遮阳示范工程

一、工程概况
1. 工程名称：上海辰山植物园 电动双轨折叠式天篷帘
2. 地址：上海市松江区辰花公路 3888 号
3. 建筑面积：73000m^2
4. 建筑类型：新建
5. 设计单位：德国瓦伦丁设计团队、上海园林设计院
6. 施工单位：建工集团和上海园林集团
7. 工程完工时间：2010 年 4 月

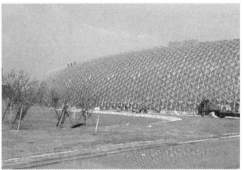

图 6-17 上海辰山植物园展览温室遮阳工程

二、建筑遮阳技术应用情况
1. 应用面积：8200m^2
2. 产品类型：电动双轨折叠式天篷帘
3. 遮阳生产单位：上海青鹰实业股份有限公司
4. 遮阳施工单位：上海青鹰实业股份有限公司
5. 工程设计：上海现代建筑设计（集团）有限公司
6. 施工验收：上海辰山植物园工程部

三、建筑遮阳工程实施的效果
植物园三个展览室表面积为 20124m^2，需遮阳面积约为 55%。采用室内电动遮阳系统对三个异形玻璃温室实现遮阳节能、光线控制及吸声减噪，以满足植物生长和节能的需求。其形式美观，不破坏建筑整体效果，达到技术和艺术良好结合的目的。

遮阳天篷帘系统实现电动开启和闭合，达到调节室内光线及控制阳光辐射的功能。该系统由运行机构、驱动电机、遮阳面料和控制系统四大部分构成。

整个遮阳系统采用电动双轨折叠式遮阳机构，距离玻璃曲面 300～400mm，并沿曲面运行。面料打开时呈弧形迎合建筑曲面。整套机构具备良好的抗风性能，面料承受风压时不会影响机构正常运行。系统本身具有一定的防水性能，且机构收放、卷曲自如。

第11节 中国农业银行上海数据处理中心

一、工程概况

1. 工程名称：中国农业银行上海数据处理中心 电动百叶翻板
2. 地址：上海浦东外高桥保税区
3. 建筑面积：123940m²
4. 建筑类型：新建
5. 设计单位：现代设计集团现代设计咨询有限公司、法国 AREP 建筑设计公司
6. 施工单位：上海市住安建设发展股份有限公司
7. 工程完工时间：2008年

图 6-18 中国农业银行上海数据处理中心

二、建筑遮阳技术应用情况

1. 应用面积：7933m²
2. 产品类型：电动1000型遮阳百叶翻板
3. 遮阳生产单位：上海青鹰实业股份有限公司
4. 遮阳施工单位：上海青鹰实业股份有限公司
5. 工程设计：城建集团
6. 施工验收：农行数据处理中心工程部

三、建筑遮阳工程实施的效果

中国农业银行数据处理中心的内围设计为玻璃幕墙结构，中间是一个独立完整的内庭院空间，从而增大了光通量和紫外线的照射及辐射热的穿透。安装了1m×4m的叶片近2000片，实现遮阳面积8000m²。

有效地控制了进入室内的热能，降低了空调制冷负荷，同时满足进入室内光线的调节、防止眩光以及降低噪声的功能，同时起到一定的装饰作用。

安装遮阳系统以后，还能满足业主、保安、消防、使用者的各自需求，控制调节实现遮阳节能、采光、挡眩光等功能的同时，还可以保证安全和消防的需要。

第12节 上海市杨浦区建筑遮阳科技示范工程

一、工程概况

1. 工程名称：上海杨浦区建筑遮阳科技示范工程—斜伸式曲臂遮阳篷
2. 地址：上海市杨浦区鞍山新村本溪路165弄
3. 建筑面积：5000m²
4. 建筑类型：既有建筑改造
5. 设计单位：上海同济联合建设技术有限公司
6. 施工单位：上海市四平物业管理有限公司
7. 工程完工时间：1980年前的住宅，首期改造完工于2010年12月

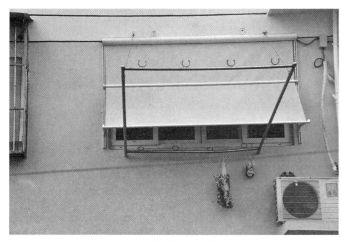

图6-19 上海杨浦区建筑遮阳科技示范工程

二、建筑遮阳技术应用情况

1. 应用面积：1000m^2
2. 产品类型：斜伸式曲臂遮阳篷
3. 遮阳生产单位：上海青鹰实业股份有限公司
4. 遮阳施工单位：上海青鹰实业股份有限公司
5. 工程设计：上海青鹰实业股份有限公司
6. 施工验收：上海市四平物业管理有限公司

三、建筑遮阳工程实施的效果

杨浦区四平街道住宅为典型既有社区，这次改造主要采用斜伸式遮阳篷用以遮挡阳光，在遮挡阳光的同时兼顾通风、采光，充分满足了居民的使用习惯。使用被动式节能技术，可以减少50%以上辐射热进入室内，有效减少空调制冷负荷和使用时间，明显减少夏季总用电量。该套系统在节能的同时还能有效营造舒适的热环境，特别适用于对不适宜长期使用空调的老年、儿童人群。

控制技术上在每家都配置手动开关，在小区又配置了集体风、光自动控制，在大风时可以及时收回，切实保证产品使用的安全性能。

另外配合屋顶铺设太阳能光伏电池板，建筑东、西向的墙面种植攀爬常青植物等多项改造，充分挖掘社区节能潜力，实现社区节电15%以上的目标。

第13节 世博会"沪上·生态家"遮阳项目

一、工程概况

1. 工程名称：沪上·生态家上海案例馆
2. 地址：上海世博会 城市最佳实践区
3. 建筑面积：3225m^2
4. 建筑类型：高科技节能综合展示建筑
5. 设计单位：华东建筑设计院
6. 施工单位：上海世博土地控股有限公司
7. 工程完工时间：2010年4月

二、建筑遮阳技术应用情况

应用面积：200m^2

产品类型：

1. 户外高反射率（镜面）电动遮阳板
2. 户外曲臂遮阳篷
3. 呼吸式幕墙双层玻璃中置电动百叶帘
4. 电动卷帘（开孔率：7%）
5. 楼宇智能化控制

遮阳生产单位：上海名成智能遮阳技术有限公司

遮阳施工单位：上海名成智能遮阳技术有限公司

图 6-20 沪上·生态家上海案例馆

工程设计：上海市建筑科学研究院，上海名成智能遮阳技术有限公司
施工验收：上海市建筑和交通委员会

三、建筑遮阳工程实施的效果

住宅建设的发展方向是可持续、生态、绿色，其中遮阳节能技术和产品是必不可少的。"沪上·生态家"所集中展示和选用的遮阳产品包括了户外遮阳，中置遮阳和室内遮阳三大类，

也包括了建筑屋顶水平面和建筑立面的遮阳。因此本项目是集中展示多品种多位置遮阳产品的一个典型、少有的案例。

本项目除了集中展示遮阳产品遮阳隔热节能之外,还通过对阳光的反射和折射,充分利用了自然光,实现了照明节能。

第14节　广州国际金融中心

一、工程概况

1. 工程名称:广州国际金融中心(西塔)
2. 地址:广州市天河区珠江西路
3. 建筑面积:448000m²
4. 建筑类型:大型超高层综合建筑
5. 设计单位:Wilkinson Eyre Architects Ltd 及 Ove Arup&&Partners
6. 施工单位:广州越秀城建国际金融中心有限公司
7. 工程完工时间:2011年年底

图6-21　广州国际金融中心

二、建筑遮阳技术应用情况

应用面积:37000m²
产品类型:智能化控制高速静音电动卷帘
　　　　　超大型智能遮阳控制系统
遮阳生产单位:上海名成智能遮阳技术有限公司
遮阳施工单位:上海名成智能遮阳技术有限公司
工程设计:上海名成智能遮阳技术有限公司
施工验收:广州越秀城建国际金融中心有限公司
并邀请以下单位做遮阳节能测试:中国建筑标准设计研究院;北京中建建筑科学研究院;广东省建筑科学研究院;华南理工大学

三、建筑遮阳工程实施的效果

1. 建筑立面选用室内电动卷帘遮阳产品较好解决超高建筑遮阳节能问题。对于超高层建筑玻璃幕墙的遮阳问题，采用户外遮阳产品，很可能破坏了设计师对于建筑物外立面的设计效果（包括楼宇夜间泛光照明的要求）；同时，户外遮阳产品用于户外的抗风性能要求很高。本项目主楼立面选用电动卷帘室内遮阳，较好地解决了上述两个问题。

2. 独立遥控和集中控制相结合增强遮阳系统适应性，降低造价。根据业主方对遮阳产品提出的控制要求，本项目采用独立遥控和集中控制相结合的解决方案，非常实用，同时又大大节省了一次性的投资，具有示范作用。

3. 本项目选用的遮阳产品电动卷帘是常见的，其制造技术已成熟，且性价比较高。在今后的公共建筑和住宅建筑设计中，起到了示范作用，可以优先选用。

第15节　上海市高级人民法院审判法庭办公楼工程

一、工程概况

1. 工程名称：上海市高级人民法院审判法庭办公楼工程
2. 地址：上海市徐汇区肇嘉浜路308号
3. 建筑面积：35000m²
4. 建筑类型：公共建筑（办公楼）
5. 设计单位：上海华东建筑设计研究院
6. 施工单位：无锡王兴幕墙装饰工程有限公司
7. 完工时间：2004年

二、建筑遮阳技术应用情况

图6-22　上海市高级人民法院审判法庭办公楼

1. 应用面积：3600m²
2. 产品类型：墙面遮阳—电动外遮阳百叶
3. 遮阳生产单位：旭格幕墙门窗系统（北京）有限公司
4. 遮阳施工单位：无锡王兴幕墙装饰工程有限公司
5. 遮阳工程设计：旭格幕墙门窗系统（北京）有限公司
6. 施工验收：获2005年度中国建筑工程鲁班奖

三、建筑遮阳工程实施的效果

上海市高级人民法院审判法庭办公楼坐落在上海市中心徐汇区肇嘉浜路，是集立案、信访、审判、办公、生活辅助设施为一体的甲级智能化办公大楼。办公楼总建筑面积35000m²，整个建筑长116.56 m，宽94.390m，建筑高度为42.1m。项目由A、B两栋组成，A栋南立面设计新颖独特，采用40m高的倾斜幕墙，外侧配以3600m²的电动遮阳百叶系统。借助于这种可调节大型金属遮阳百叶，丰富了建筑的立面效果，使法院建筑的威严与气势以一种现代的手法得以体现，也恰如其分地诠释了该建筑所要表达的公正、开放、透明的形象和理念。

成为这一区域建筑群的一大亮点。

上海市高级人民法院审判法庭办公楼所应用的德国旭格大型电动遮阳板系统是上海首次应用遮阳百叶的项目。这种遮阳百叶随着季节及太阳光线的变化，由电脑控制可以根据一年内每一天的太阳运转状况，在传动连杆的带动下自由变换角度，提供给建筑室内最好的自然光照条件。如此先进的材料系统和合理的设计，再加上顶级的加工工艺，在国内是首次应用，在国际上也不多见，引领了国内建筑外立面的潮流，受到了业界的极大认同和欣赏。

本项目采用的是外遮阳技术，与内遮阳相比可以更好地阻止太阳辐射热进入室内，极大节省建筑物的耗能量，起到更好的隔热和防护作用。叶片采用铝合金梭形双弧面叶片，呈轻微弧形，闭合时减少正向风压的压力。截面415mm宽且为中空结构，强度高，适合大跨度使用，能满足外墙百叶高韧度及延展性的要求。造型优美，结构宏伟大气，极具高科技质感。百叶采用水平活动式结构，根据太阳的入射角来调整合适的百叶角度，从而达到遮阳调光的最佳效果，满足冬季夏季对太阳能不同需求的调节要求。既在实现遮阳的同时又能在白天保证所需要的光线，在满足建筑物美丽的外观效果的同时又保证了室内舒适的生活环境。

上海市高级人民法院项目这种电动外遮阳技术的应用，集遮阳、调光、保温、隔声、防护多功能于一体，使建筑更具现代色彩和节能效果。该项目在玻璃幕墙遮阳技术应用方面是一个开端，起到了抛砖引玉的作用，开创了遮阳百叶在建筑遮阳及玻璃幕墙节能技术领域应用的先河。

附 录　建筑遮阳推广技术目录

序号	项目名称	技术简介	适用范围	技术持有单位
1	建筑外遮阳铝合金卷帘	该卷帘由铝合金卷片、导轨、机、帘片卷轴及控制系统等部分组成。帘片是由铝合金经辊轧制成中空结构，内填聚氨酯发泡材料，经封口、发泡固化、定长切断而成。该卷帘具有良好的机械性能和抗风压性能，并具有良好的保温、隔声、隔热、耐候和自洁能力等特点。产品主要性能满足《建筑遮阳通用要求》JG/T 274等标准要求。	适用于建筑门窗外侧遮阳	南京康之杰建材有限公司 无锡爱能木科技有限公司 南京二十六度建筑节能工程有限公司 湖南湘联科技有限公司
2	建筑外遮阳织物卷帘	该卷帘由铝合金罩盒、铝合金轨道、织物面料、卷布管、驱动系统组成，采用电动或手动控制，具有遮阳装饰功能，并具有良好的抗风性能。产品主要性能满足《建筑遮阳通用要求》JG/T 274和《建筑用遮阳软卷帘》JG/T 254等标准要求。	适用于建筑门窗外侧遮阳	南京二十六度建筑节能工程有限公司
3	电动软卷帘	该卷帘采用管状电机作为驱动系统，提高单幅帘的面积，并通过有线或无线方式控制卷帘的收放。该卷帘可纳入楼宇智能控制，实现对卷帘的智能控制。产品主要性能满足《建筑遮阳通用要求》JG/T 274和《建筑用遮阳软卷帘》JG/T 254等标准要求。	适用于建筑遮阳	上海青鹰实业股份有限公司
4	手动软卷帘	该卷帘采用手动控制，通过加大链轮卷布面积，改进行星齿轮结构，增大扭矩，减少手动拉力，从而增加单幅软卷帘面积，并利用离合弹簧自锁装置，可使软卷帘停在任意位置。产品主要性能满足《建筑遮阳通用要求》JG/T 274和《建筑用遮阳软卷帘》JG/T 254等标准要求。	适用于建筑室内遮阳	上海名成智能遮阳技术有限公司
5	电动张紧式天篷帘	该天篷由帘布、支承构件和帘布、传动装置、保持紧绷状态，支承构件和帘布组成，通过使用双电机驱动，使面料保持紧绷状态。在节能同时，不影响建筑原有设计风格。产品主要性能满足《建筑遮阳通用要求》JG/T 274和《建筑用遮阳天篷》JG/T 25等标准要求。	适用于建筑屋面遮阳	上海名成智能遮阳技术有限公司 上海青鹰实业股份有限公司
6	旋转式/斜伸式曲臂遮阳篷	该遮阳篷由帘布、卷管和曲臂组成，利用曲臂向外伸展，从而达到遮阳目的。墙面成一定下倾角与电动卷帘面料收放时，使户外电动卷帘面料收放时，与墙面成一定下倾角向外倾，从而达到遮阳目的。产品主要性能满足《建筑遮阳通用要求》JG/T 274和《建筑用曲臂遮阳篷》JG/T 253等标准要求。	适用于低层建筑外立面遮阳	上海青鹰实业股份有限公司 尚飞帘闸门窗设备（上海）有限公司 上海青鹰实业股份有限公司

建筑遮阳推广技术目录

续表

序号	项目名称	技术简介	适用范围	技术持有单位
7	建筑外遮阳金属百叶帘	该百叶帘由铝合金罩盒、侧轨、铝合金百叶帘片、底轨、控制绳、传动装置等部件组成。通过控制百叶帘升降、双向翻转及百叶角度调节，达到遮阳隔热的同时保持良好通风。产品主要性能满足《建筑遮阳通用要求》JG/T 274和《建筑用遮阳金属百叶帘》JG/T 251等标准要求。	适用于多层建筑外遮阳	江苏康斯维信建筑节能技术有限公司 南京二十六度建筑节能工程有限公司 上海青鹰实业股份有限公司
8	建筑遮阳织物	该织物以PVC与PET或玻璃纤维为原料，经挤出包覆工艺制成纱线，并经纺织而成，具有强度高，阻燃性好，耐老化等特点。产品主要性能满足《建筑遮阳通用要求》JG/T 274和《建筑用遮阳软卷帘》JG/T 254等标准要求。	适用于建筑遮阳卷帘、天篷帘等遮阳	宁波先锋新材料股份有限公司 常州霸狮腾特种纺织品有限公司
9	玻璃用透明隔热涂料	该涂料是以水性乳液为基料，以纳米级金属氧化物为隔热功能材料，配以其他助剂等制成的水性涂料，具有附着力强，耐擦洗性好，可见光透过性好，并阻隔红外及紫外光辐射。产品主要性能满足《建筑遮阳通用要求》JG/T 274等标准要求。	适用于建筑门窗玻璃	烟台佳隆纳米产业有限公司 森冠（北京）环保科技有限公司 新疆赛普森纳米科技有限公司
10	建筑玻璃隔热膜	该膜以PET为基材并配以其他功能材料制成的玻璃隔热膜，具有隔热性好，透光性好，分为压敏胶层，UV阻隔层，隔热性能层，具有耐磨性，使用寿命长等特点。产品主要性能满足《建筑遮阳通用要求》JG/T 274等标准要求。	适用于建筑门窗玻璃	北京建技术发展有限责任公司 3M中国有限公司
11	内置百叶中空玻璃	该产品将百叶置于中空玻璃之间，通过磁力控制百叶帘的升降和翻转，除具有中空玻璃的保温隔热性能外，还具有良好的遮阳功能。产品主要性能满足《建筑遮阳通用要求》JG/T 274和《建筑遮阳中空玻璃》JG/T 255等标准要求。	适用于建筑门窗遮阳	秦皇岛欧亚克节能门窗有限公司 秦皇岛亚利德艺术玻璃有限公司
12	内置百叶遮阳中空玻璃门窗	该产品将百叶安装在中空玻璃内，采用遮阳调节器控制百叶角度，达到不同的采光或隔热、遮阳等效果。产品主要性能满足《建筑遮阳中空玻璃制品》JG/T 274和《内置遮阳中空玻璃制品》JG/T 255等标准要求。	适用于建筑门窗遮阳	福建亚太建材有限公司

续表

序号	项目名称	技术简介	适用范围	技术持有单位
13	集成多功能门窗	该产品将外遮阳卷闸、通风器、门窗、隐形纱窗、防蚊安全网等部件按标准进行集成，现场一次安装到位，实现遮阳和门窗一体化，还具有高防水性、防火性和防盗等特点。产品主要性能满足《建筑遮阳通用要求》JG/T 274和《铝合金门窗》GB/T8479等标准要求。	适用于建筑门窗遮阳	深圳市富诚幕墙装饰工程有限公司
14	遮阳型铝塑复合窗	该产品将外遮阳卷帘及外遮阳铝塑复合型材复合，充分利用空气层保温及型材隔热技术，配合各种节能卷帘与铝塑复合型材，具有保温、隔声、遮阳等特点。产品主要性能满足《建筑遮阳通用要求》JG/T 274和《卷帘门窗》JG/T 302等标准要求。	适用于建筑外窗遮阳	大盛节能卷窗建材（上海）有限公司
15	外遮阳铝合金卷帘门窗	该门窗通过电动或手动方式驱动铝合金卷帘收缩，具有隔声、隔热、遮阳等特点。卷帘片采用中空结构，填充聚氨酯发泡材料，并对表面进行涂层处理，具有重量轻、耐磨、抗腐蚀等特点。产品主要性能满足《建筑遮阳通用要求》JG/T 274和《卷帘门窗》JG/T302等标准要求。	适用于建筑外窗遮阳	杭州泰欣实业有限公司 上海青鹰实业股份有限公司 上海舒星实业有限公司
16	遮阳保温一体化双层节能窗	该窗通过结构一体化设计，以隔热铝合金型材制作窗框和双层窗扇，在两层窗中间设置遮阳百叶，具有遮阳、通风、隔声及保温隔热、安装简便等特点。产品主要性能满足《建筑遮阳通用要求》JG/T 274等标准要求。	适用于建筑外窗遮阳	江苏宏夏门窗有限公司
17	建筑外遮阳一体化门窗	该门窗采用门窗型材与遮阳构件一体化生产与安装，可实现门窗与遮阳构件一体化生产与安装。产品主要性能满足《建筑遮阳通用要求》JG/T 274等标准要求。	适用于建筑外门窗遮阳	上海青鹰实业股份有限公司 福建省建筑科学研究院
18	建筑遮阳智能控制系统	该系统可实时探测天气变化，调节遮阳物室内环境。具有使用方便、操控简便等特点。并可实现分区域分时段控制，从而优化建筑遮阳，产品主要性能满足《建筑遮阳通用要求》JG/T 274等标准要求。	适用于电动遮阳系统	尚飞窗帘门窗设备有限公司
19	百叶帘调光控制系统	该系统通过无线电发射滚轮对百叶帘角度进行控制，可百叶帘实现遮阳与调光的功能。产品主要性能满足《建筑遮阳通用要求》JG/T 274等标准要求。	适用于交流电机驱动的遮阳百叶帘	尚飞窗帘门窗设备有限公司
20	外遮阳卷帘用电机	该电机通过对机械扭矩分析、控制电机控制器实现电动控制和远程控制功能，设置多种功能，还可配合其他控制系统实现自动控制和远程控制功能。产品主要性能满足《建筑遮阳产品用电机》JG/T 278和《建筑遮阳通用要求》JG/T 274等标准要求。	适用于建筑外遮阳电动卷帘系统	尚飞窗帘门窗设备有限公司
21	建筑幕墙门窗热工性能计算软件	该软件具有玻璃光谱数据库管理、整窗和整幕墙隔热工性能计算、玻璃系统光学性能计算，自动生成计算报告等功能，框二维传热有限元分析计算，符合《建筑门窗玻璃幕墙热工计算规程》JG/T 151等标准要求。	适用于建筑幕墙门窗热工性能计算	广东省建筑科学研究院